6 15分鐘

週練出王字肌

1對啞鈴、聰明3餐

精壯實型男健身術 練得精準！吃得聰明！

香港明星健身教練

車志健 著

推薦序

運動，從正確的飲食與態度開始

麥盛勳

HARPER'S BAZAAR 香港版總編輯

　　屈指一算，原來跟 Brian 認識已有 10 年光景。最初找他幫忙當自己的健身教練，後來慢慢熟絡，成了好朋友。再之後環境轉換，又各自忙碌，大家為生活奔走，有段時間失去了聯絡，直至近年才久別重逢。再次見面不但沒有半點陌生的感覺，反而友誼之火燒得比以前更加旺盛。相信做朋友也要講緣分，其實跟他沒有常見面，但彼此總是心中有數，一切盡在不言中。朋友能成為「兄弟」，在有需要時互相傾訴、彼此幫忙，人生能得一知己，確是萬分幸運的事。

　　在朋友的層面上，我很喜歡 Brian 積極正面的生活態度。他的生活習慣非常健康，是朋友間最好的模範，平日運動與飲食均衡有序、作息定時，沒有任何壞習慣。有時候我會忍不住取笑他的健康生活態度過分完美，好像活在世外桃源。他永遠笑容滿面、滿載朝氣，看他那樣子，好像憂愁煩惱從不曾在他的腦海中出現過。工作上，他時常滿腦意念，不時進行不同的新計畫，態度積極進取。這位大男孩充滿著正能量，作為他的朋友，總被他的正能量感染薰陶。

　　在專業的角度上，他絕對是一位令我非常欽佩的健身教練。坊間有很多教練，只會教人不斷促進肌肉發達，抑或糾正人們運動時的錯誤姿勢，

但 Brian 卻能給予運動者更全面的專業意見，他對健身、保健、健康及營養等課題的認識，廣博深遠，猶如一本活字典。畢竟，運動與飲食營養配合得宜，才能有最強壯健康的身體。

他教會我們一個非常重要的概念——健身運動並不代表越多肌肉越好，而是要追求真正的健美及健康。例如很多人誤以為運動量越多，健康必然越好；亦有很多人以為，運動時間越長，成效自然越高；更多人會認為，健身的終極目標就是要令身材變得魁梧健壯，成為「肌肉男」，但過程中卻往往忽略了正確的健康生活態度。

Brian 的這本最新著作《15 分鐘，6 週練出王字肌！》，便能為我們說明最正確的運動和健康態度。跟隨他的指導，你不但能在短時間內改善身形，自信滿溢，最重要的是為你帶來真正的健康生活模式，以及完美的生活態度。

我衷心希望每位閱讀這本書的朋友，都能從中得益。

作者序

毋須上健身房，
你也能成為精壯型男！

　　現今的男士不但要兼顧事業，還需要照顧身邊的另一半和家庭，可說是責任重大。所以，身為男士，首先需要擁有強健的體魄，才可以應付日常繁忙的工作壓力，給身邊的人十足的安全感。

　　在我15年專業教練及營養顧問的生涯裡，常常看見一些完全忽略身體鍛鍊的男士。最常聽到的理由是「我工作很忙，沒有時間注意飲食，沒有時間做運動！」就是這個原因，令很多本應還是很年輕或剛踏入壯年的男士，看起來老態畢露，失去了應有的活力。

　　有鑑於此，我根據多年經驗，為忙碌的男士們專門設計了在家中進行的「15分鐘，6週練出王字肌！精壯實型男計劃」。這個計畫有兩大特點：

　　1. 毋須上健身房，毋須外出跑步，只需一對啞鈴和簡單的工具，每天只需在家中進行15分鐘運動，便能鍛鍊出你夢寐以求的健美身軀！
　　2. 針對男士們常外食的習慣，特別設計出方便、美味和健康的「速食」來幫助大家更快達到目標。

　　希望你能立刻開始這個將改變你一生，專為男性而設計的健美計畫。每天只需15分鐘運動，跟隨書中簡單的飲食，便能在6個星期內鍛鍊出一個理想的男性身形。無論你是初學者或已有一定運動經驗的人，這本書都可以幫助你。

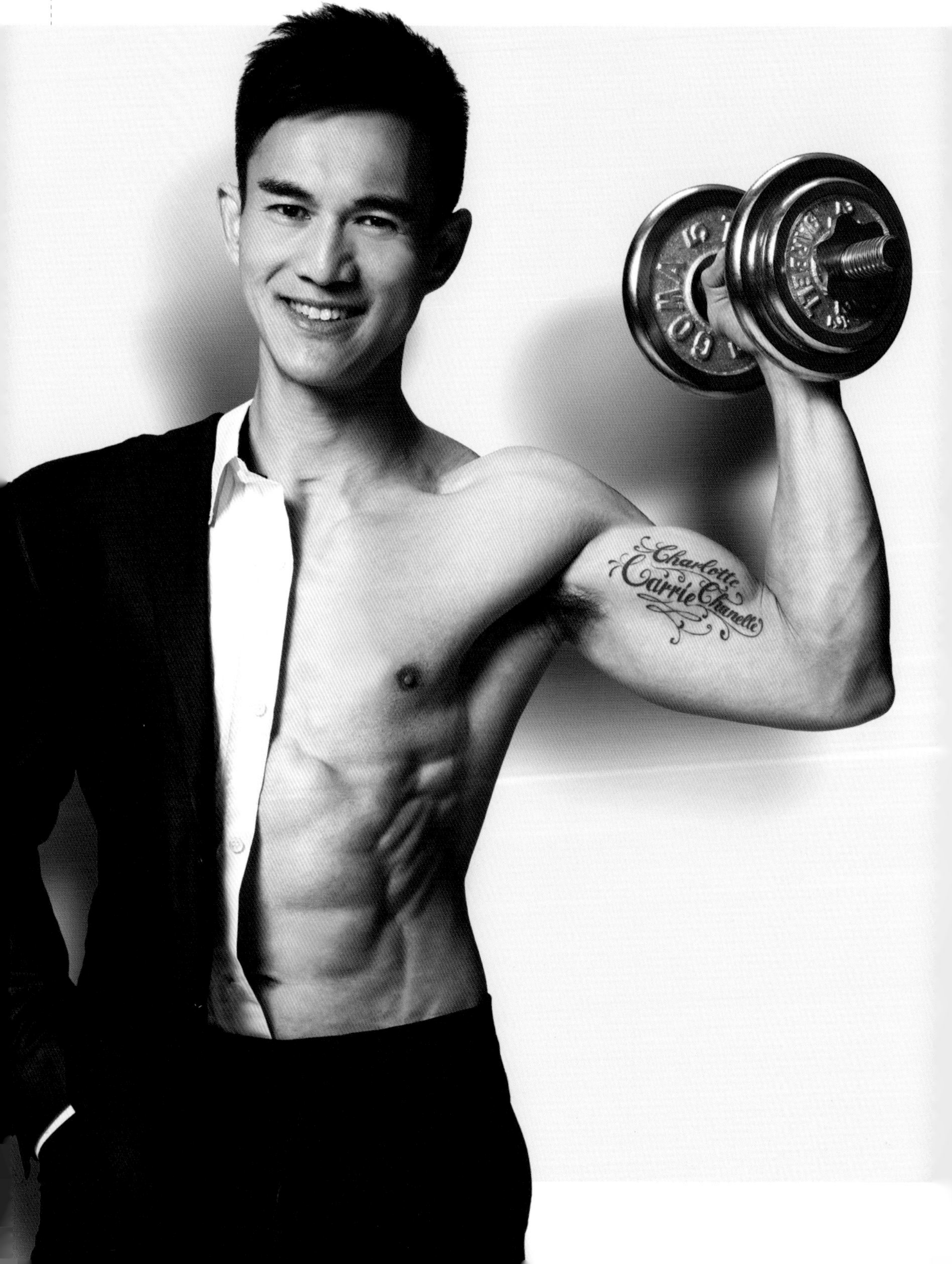
Charlotte
Carrie
Chanelle

使用
指南

《15 分鐘，6 週練出王字肌！》是一個簡單有效的健身計畫，只需跟隨書中的運動和飲食指示，便能在 6 星期內鍛鍊出最完美的身形。

本書內容分成 6 個部分。Part1 會為你進行體能評估，了解並記錄你鍛鍊前的狀態，包括測試你的上半身力量（伏地挺身）、腹部耐力（仰臥起坐）和大腿耐力（半蹲練習），並且測量你身體的不同部位，如胸、手臂、腹部和大腿，讓你清楚知道自己開始時的狀態，讓你在未來 6 個星期內可以評估進度。這樣的體能測試，我們在之後的第 2 週、第 4 週和第 6 週的第 6 天，也都會在訓練前 2 小時再進行一次，讓你更清楚感受到持續了 2 星期的進度，給你更大的推動力。

在 Part2，我會仔細解釋一個能幫助你快速達成健美身形的全新運動概念——重量循環訓練。Part3 則是整個魅力男士計畫的重點所在。在未來的 6 個星期中，我也會指導你每天進行所需的重量循環訓練和速食飲食，只要跟隨書中的指示，無論你現在剛開始時的身形和狀態如何，都能在 6 星期後得到顯著的成果。

Part4 會為你講解速食飲食的原則。這些運動及飲食的技巧和傳統的方式大為不同，以繁忙男士的生活為出發點，務求整個計畫達到最大的實用性。Part5 和附錄則會和大家分享一些男士們的生活心得，讓你除了得到理想的體形，還能在其他生活層面如個人嗜好、儀容和衣著等，也得到提升。

擁有強健身軀，才是健力型男
Strong Body Makes a Hot Man

在過去，男士對成功的定義一般是以金錢來衡量。隨著時代轉變，成功已不再只能用財富來評斷，擁有強健的身軀也是必不可少的元素。

看看一些風靡全球的魅力男士如美國總統歐巴馬、影星布萊德·彼特、威爾·史密斯、萬人迷貝克漢等，他們不但成就卓越，而且共同點是對於運動和強健體魄的追求。忙碌如歐巴馬，這位全球最有權力的男士，每星期也都會進行 6 天、每天 45 分鐘的健身運動，來保持最佳狀態。因為他清楚知道，要應付繁忙的工作和壓力，必須擁有一個強健的身軀。

身為現代男士，我們同時需要發展事業和照顧家庭，角色極為重要。鍛鍊出強健的身軀，能令我們更有能耐接受挑戰，這就是現今男士的魅力所在。

鍛鍊身體的其他好處

- 強健的體魄給你更多自信。強健的體魄來自於生活中許多方面的自律性，若你能做到，必定能大幅提升自信心。你也可以將這樣的自律運用在生活其他層面，取得成功。
- 鍛鍊身體使你比同年紀的朋友更年輕、更有魅力，讓你可以進行喜歡的運動、享受生活。
- 降低罹患心臟病、糖尿病和其他嚴重疾病的風險。
- 促進新陳代謝，讓你更容易控制體重。
- 有效降低日常生活中所帶來的壓力，令你更自在。
- 改善你的睡眠品質，讓你更快入睡，睡得更好，從而提升你的工作表現，讓你更出色。

要練出強健肌肉，一定要使用重量級器材？

很多男士以為如此，但其實只要利用自身體重和一雙啞鈴，便可以練出令人羨慕的體形。

男人一定要練出大肌肉才好看？

很多男士在鍛鍊時認為肌肉越大越好。但是，只是「大」卻不平均、肌肉沒有線條，不但不好看，反而會給人遲鈍的印象。布萊德‧彼特、貝克漢、C‧羅納多等人的身形，才是現今魅力型男的標準。只要根據書中的運動指示，便能幫助你均衡發展全身肌肉。

試過很多次運動，但每次都沒達到目標就放棄了！

相信很多男士也有類似經驗：每次去健身房都要帶備用衣物和相關用品，來回也至少要幾小時，非常麻煩。要維持運動習慣並不容易，這也正是我寫本書的原因——讓你在家就能進行所需的運動，非常方便。

朋友說每天至少健身一小時，才可以達到理想身形。

當然不必。運動並非時間越長效果越好，如果做得正確，每天 15 分鐘已經足夠。

很害怕健身時的飲食要求，因為很難做到！

我提供的飲食餐點都是特別為了繁忙都市人設計的，方便快捷。不但能幫你達到健身效果，更能提升你日常生活的能量與健康。

我現在的狀態不可能變得健美了！

無論你現在的狀態如何，無論是太肥、太瘦、太年輕、太年長、太忙……都必定能夠改善。我最年幼和最年長的學員分別是 10 歲和 78 歲，經過訓練後，他們都有顯著的進步。他們可以，你也可以。

目錄

推薦序　運動，從正確的飲食與態度開始／麥盛勳
作者序
使用指南

Part 1　體能評估與計畫

16　自我體能評估
19　自我測量
20　追蹤進度
21　設定目標

Part 2　訓練前的準備

24　重量循環訓練
25　你需要的是
26　重要提醒
26　家庭健身的益處
28　認識你的身體
29　練前動態伸展
31　練後靜態伸展

Part 3　6 週練出王字肌

38　精壯實型男計畫
38　**第 1 週** 循環伸展 15mins+ 每週聰明吃菜單
54　**第 2 週** 循環伸展 15mins+ 每週聰明吃菜單

69	**第 3 週** 循環伸展 15mins+ 每週聰明吃菜單
84	**第 4 週** 循環伸展 15mins+ 每週聰明吃菜單
99	**第 5 週** 循環伸展 15mins+ 每週聰明吃菜單
114	**第 6 週** 循環伸展 15mins+ 每週聰明吃菜單

Part 4　明星教練的黃金飲食法

132	6 腹肌飲食法聰明吃
134	Brian 6 腹肌黃金法則
136	你不可不知的基礎營養概念
138	早餐
140	了解脂肪含量
142	午餐
146	點心
148	美味又簡單的點心搭配
149	晚餐

Part 5　保健食品聰明吃

154	營養補充品

附錄　魅力型男的時尚祕訣

164	利用衣著凸顯身形
167	男士儀容
170	培養良好嗜好

PART 1 ▷▷▷

體能評估
與計畫

▶ 記錄第一天體能測試的結果

▶ 評估身體在 6 週內的變化

▶ 設定並細分可量度的目標

自我**體能評估**
TEST and see how fit you are

最能推動你鍛煉下去的，莫過於看見自己持續進步。當你的肌肉線條有所提升、脂肪減少、變得強壯、體能變得更好時，你就會更有動力繼續下去。所以在你開始這 6 個星期的訓練計畫前，首先要進行一些體能測試。開始進行這計畫後，每 2 星期再進行一次測試，這樣便可以檢視自己的進度。

熱身動作

進行 2 分鐘的伸展跳躍。

半蹲練習自我評估

年齡（歲） 次/分鐘 成績	20-29	30-39	40-49	50-59	60+
優秀	>34	>32	>29	>26	>23
好	33-34	30-32	27-29	24-26	21-23
標準以上	30-32	27-29	24-26	21-23	18-20
標準	27-29	24-26	21-23	18-20	15-17
標準以下	24-26	21-23	18-20	15-17	12-14
差	21-23	18-20	15-17	12-14	9-11
非常差	<21	<18	<15	<12	<9

深蹲練習

站在椅子前，雙腳和肩膀同寬，雙臂放在胸前，重心放在腳跟上，身體往下坐，直到臀部接觸到椅子，再往上推站直。進行 1 分鐘。

伏地挺身

雙手按在地上，手肘向外，保持全身呈水平面。往下時胸部距離地面約 2.5 公分，再用力撐起身體。進行 1 分鐘。

伏地挺身自我測評

成績 ＼ 年齡（歲） 次／分鐘	17-19	20-29	30-39	40-49	50-59	60-65
優秀	>56	>47	>41	>34	>31	>30
好	47-56	39-47	34-41	28-34	25-31	24-30
標準以上	35-46	30-38	25-33	21-27	18-24	17-23
標準	19-34	17-29	13-24	11-20	9-17	6-16
標準以下	11-18	10-16	8-12	6-10	5-8	3-5
差	4-10	4-9	2-7	1-5	1-4	1-2
非常差	<4	<4	<2	0	0	0

仰臥起坐

躺在運動軟墊上，雙膝彎曲、雙腳平放在地上。雙手放膝上，使用腹部肌肉把上身拉起，再回到原處。進行 1 分鐘。

仰臥起坐自我測驗

成績 \ 年齡（歲）次/分鐘	18-25	26-35	36-45	46-55	56-65	65+
優秀	>49	>45	>41	>35	>31	>28
好	44-49	40-45	35-41	29-35	25-31	22-28
標準以上	39-43	35-39	30-34	25-28	21-24	19-21
標準	35-38	31-34	27-29	22-24	17-20	15-18
標準以下	31-34	29-30	23-26	18-21	13-16	11-14
差	25-30	22-28	17-22	13-17	9-12	7-10
非常差	<25	<22	<17	<13	<9	<7

▌自我測量 Measure yourself up

評估身體在這 6 個星期內的變化，我比較喜歡用尺來測量，多於秤重，這樣可以直接反映身形的變化，也是計畫的目標。6 個星期後，你會擁有更強壯的胸、背、肩膀、手臂和更有線條的腹肌。和體能測試一樣，身形測量也要在計畫開始時量一次，之後每 2 星期再量一次。

腹部
測量腰圍，以肚臍的位置為準。

大腿
測量右大腿內側往下約 10 公分的腿圍。

手臂
右手放鬆放在身旁，測量手臂最粗的部位。

胸部
測量胸部最寬的部位。

追蹤進度 Progress tracker

第一次體能評估

項目＼時間		第 **1** 天	第 **2** 週 第 **6** 天	第 **4** 週 第 **6** 天	第 **6** 週 第 **6** 天
體能測試（次數）	深蹲				
	伏地挺身				
	仰臥起坐				
身材測量（公分）	胸				
	手臂				
	腹部				
	大腿				

Point 把第 **1** 天體能測試的結果記錄下來。然後在第 **2**、**4**、**6** 週（逢星期六、進行訓練前 **2** 個小時），進行同樣的體能測試，把結果記錄在進度表內，幫助你清楚進度。

設定目標 Set your goals

你曾擬定過健身計畫，但最終以失敗收場嗎？很可能是因為你沒有為自己設立一個明確的目標。這裡提供一些簡單的技巧，幫助你在6星期後達到理想身形。

設立實際可行的目標

不要設定一些不可能達成的目標，例如要在2週內增加約5公分的胸肌，或在2週內減掉4公斤。把目標細分，再逐步達成短期目標，例如每週增肌0.5公斤，這樣能讓你更集中精神在每天的訓練。

轉變訓練方式

每星期都要調整訓練方式。簡單來說，你只需要改變運動的次序、組數或次數即可，這樣身體就不會因重複進行相同的運動而適應下來，停止進步。

本書會介紹每星期不同的重量循環訓練，讓你的肌肉得到有效的刺激，加快你的進步。

記錄運動和飲食進度

把每天的運動及飲食進度記錄在日記或ＡＰＰ上，讓自己有清晰的概念及足夠的動力。不需把進度的所有細節都寫下來，只要記錄當天最好的表現即可，這樣就能發現有沒有出現停滯不前的情況，以便馬上調整。

PART 2 ▷▷▷

訓練前
的準備

▶ 開始重量循環訓練
▶ 認識身體肌肉群
▶ 做好運動前後的伸展練習

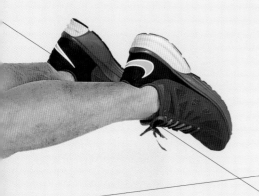

重量循環訓練
STREHGTH circuits training

重要的不是你怎麼努力鍛煉，
而是你用什麼方法巧妙鍛煉！

It's not how hard you train; it's how smart you train that matters!

一般的重量訓練，每個動作只針對一組肌肉，導致訓練成果低且耗時長。也因為這樣，很多男士在經過長時間訓練後，也得不到理想效果，最後乾脆放棄。

我經過多年的研究和實踐，發現想要最有效、最快速練出肌肉和極具線條的 6 塊腹肌，最好的辦法就是進行全身的重量循環訓練。只需要使用簡單的器材，每天在家中鍛鍊 15 分鐘，便可完成。它不但能夠幫助你提升肌肉品質，還能夠加速新陳代謝和改善心肺功能。增肌之餘，同時為你減低體內脂肪，令你的腹肌及全身肌肉線條凸顯出來，達到增肌減脂的理想效果。

在這個 6 星期的訓練計畫裡，不同的星期我設計了不同的重量循環訓練動作，每天只需 15 分鐘便可完成。每個星期的循環訓練動作都有所不同，目標在於提供不同的刺激，使你的身體不斷進步。書中提及的運動經過特別設計，能讓你在家中進行，只需要一些簡單的器材，如一雙啞鈴、椅子和瑜伽墊，便可進行。

你需要的是 What you'll need

▶ 一對可調節重量的啞鈴

可調整重量，單支約為 2.5-15 公斤。

▶ 瑜伽墊或大毛巾

在地上運動時使用。

▶ 椅子

一張穩固的椅子（方形椅為首選）。

▶ 可設定時間和次數的ＡＰＰ或時鐘

ＡＰＰ可用來在進行重量循環訓練時為你計時，並設定次數。可在 APP 商店搜尋「TABATA」或「運動計時器」程式，下載應用。

▶ 運動衫褲

運動時更舒適和敏捷。短袖短褲最為理想。

▶ 運動鞋

一般的跑步鞋或專為健身設計的鞋階可。

▌重要提醒 Reminders

宜 Check ✔

○多喝水
○播放節奏輕快的音樂來提高運動時的氣氛
○進行熱身運動
○跟隨書中示範的動作技巧
○每次運動後也要進行伸展運動
○開始運動計畫前應諮詢醫生意見

忌 Cross ✘

○空腹運動。（運動前 2 小時應吃點東西）
○在身體不舒服時運動
○身體有痛楚，但仍然繼續進行動作

▌家庭健身的益處 Home gym advantages

我很喜歡在家中運動，因為即使沒有任何器材也能隨時隨地進行，十分方便。很多有效的動作只需要利用自身的體重即可。

當然，也不可能不使用任何器材便鍛鍊到全身每組肌肉。如前所述，你只需要添購一些簡單的器材，如一對啞鈴和一張瑜伽墊，再跟隨書中設計的重量循環訓練動作，便能得到很全面的健身效果。

在家中運動的好處還包括

1. 節省金錢

利用自身的體重、一雙啞鈴和一張瑜伽墊，便可做出很多不同的運動配搭，而且只需花費數百元就能買得到。可以説是一項低成本、高報酬的投資。

2. 節省時間

在家運動的其中一個最大好處，

當然是不需要花時間在交通上。

3. 更有彈性

沒有比在家中做運動更方便的了。當你突然想做運動便可立即行動，就算凌晨時分也沒問題。

4. 毋須排隊使用器材

除非你邀請了朋友回家做運動，否則當然可自由使用所有運動器材，毋須等候別人使用完。

5. 沒有干擾

在家中運動，不需要忍受人來人往、和公眾地方的衛生等問題，可以專心一致。

小撇步
Smart training tips

1. 積極的心態

保持積極的心態對你的訓練有極大的幫助。當你準備運動前，提醒自己開始鍛鍊的原因，想一想當你達成目標時，會有多興奮！這樣你在運動時會更有動力。如果有些日子提不起勁來運動（總會有這樣的時候），不妨也換上運動服，做一些輕鬆的熱身操。當身體分泌出提升情緒的荷爾蒙後，你就會慢慢回復運動的心情和狀態。如果真的無法繼續，也不要感到氣餒，下一次訓練時更加用心就好。

2. 收緊腹部核心肌群

運動時切記把腹部核心肌群收緊以保護腰部，避免受傷。不要依賴舉重腰帶，這樣會減慢腹部核心肌群的發展。

3. 選擇合適的重量

使用一對重量合適的啞鈴，使你在動作時能控制自如。很多男士會使用遠超出他們能控制的重量而導致受傷。相反的，重量過輕也無法刺激肌肉生長。

4. 均衡肌肉發展

很多男士只著重胸、手臂和腹部的鍛鍊，令身體肌肉得不到均衡的發展。其實鍛鍊的重點是要同樣注重上半身、下半身、前面和後面的肌肉，確保所有肌肉得到相同的刺激。

認識你的身體
KNOW your body

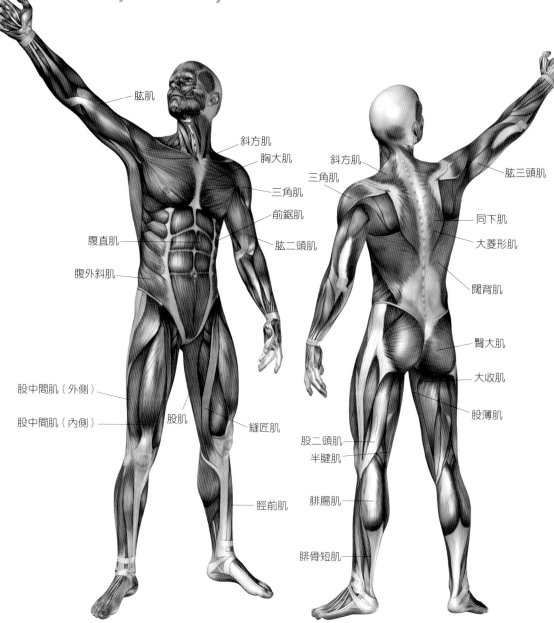

肱肌

斜方肌
胸大肌
三角肌
前鋸肌
腹直肌
肱二頭肌
腹外斜肌

斜方肌
三角肌
肱三頭肌
同下肌
大菱形肌
闊背肌
臀大肌
大收肌
股薄肌

股中間肌（外側）
股中間肌（內側）
股肌
縫匠肌

股二頭肌
半腱肌
腓腸肌
脛前肌

腓骨短肌

練前**動態伸展**
PRE-WORKOUT dynamic stretches

　　這組運動集合了熱身和伸展的動作，讓身體在即將進行運動前做好準備，降低受傷的可能。很多人覺得熱身運動沉悶，所以經常忽略，有鑑於此，我設計了一套動態熱身伸展動作，讓你在 3 分鐘內成功完成熱身和肌肉伸展。

　　進行這些動態伸展時，心跳和體溫會隨之上升，將更多的氧氣和養分帶到身體各處。肌肉、關節和神經會為你即將進行的運動做好準備，不但可降低受傷的可能，也使訓練更有效率。

　　以下動作各進行 30 秒，左右各一次。開始時以較小的幅度進行，再慢慢增加。

1. 舉臂伸展

（左右各進行 30 秒）

左腳向前踏、右腳彎曲，上身保持挺直，同時雙手向上伸展，左右腳來回進行。

2. 側面伸展

（左右各進行 30 秒）

右腳向右橫向踏出，
上身同時向右轉。

3. 跳躍伸展（開合跳）

（進行 1 分鐘）

雙手放在身旁，雙腳合上；
向上跳起，離地約 5 公分，
雙手帶到頭上，雙腳同時
分開。回到開始時的位置。

練後**靜態伸展**
PRE-WORKOUT static stretches

運動後進行靜態伸展，能助舒緩肌肉疲勞並提升柔軟度。肌肉會在運動後收縮起來，尤其是在重量訓練後。在這個時候進行靜態伸展，正是增加肌肉長度（柔軟度）的最佳時機。運動後進行靜態伸展還有很多好處——

提高柔軟度

進行伸展運動能讓你的身體運動幅度加大，使肌肉生長得更全面。

減少受傷

柔軟度提升，進行幅度較大的運動時便可大大降低肌肉和肌腱拉傷的可能。

加快復原

伸展運動能加快肌肉中血液的運行，幫助帶走肌肉中的廢物，讓你在運動後更快復原。

改善姿勢

緊繃的肌肉會將肩膀、骨盆和脊椎移位，導致各種姿勢問題，多進行伸展動作便能改善姿態。

進行伸展運動時要注意

不要強行用力和做任何急促的「回彈」動作。你應該要感覺到伸展中的肌肉開始放鬆，而不應有疼痛的感覺。每個伸展動作維持 20 秒就好。

小腿
往前踏一步。

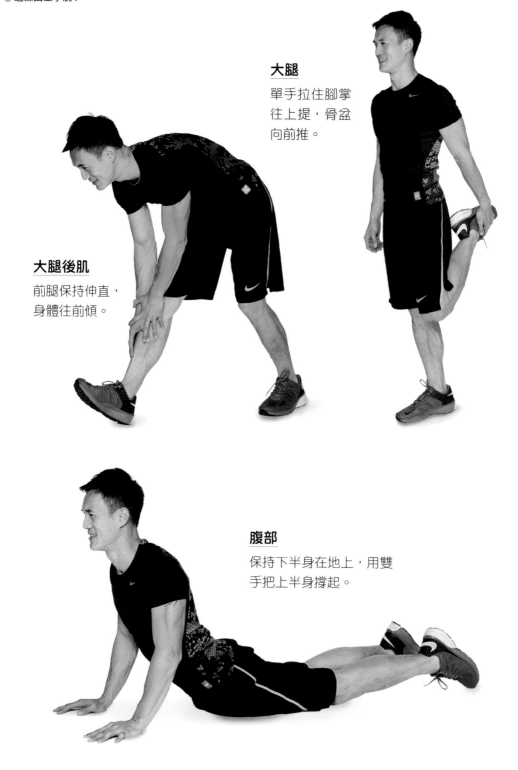

大腿
單手拉住腳掌
往上提，骨盆
向前推。

大腿後肌
前腿保持伸直，
身體往前傾。

腹部
保持下半身在地上，用雙
手把上半身撐起。

臀部

單腿站立，把另一隻腳的小腿放
在站立中的大腿上，慢慢往下坐。

大腿內側

把腳掌合上，再
用手肘壓向雙膝。

胸

打開雙臂往後壓。

下背

躺下，肩膀平放地上，彎曲
膝部成直角，雙手用力抱著
膝部，往胸部方向拉伸。

上背

跪下，手臂交叉伸直，放在
地上，再微微往下壓。

三頭肌

一臂向上伸展後曲肘,以另
一隻手輕輕拉住。

二頭肌

反扣雙掌,伸直雙臂。

PART 3

6 週練出 王字肌

▶ 開始第一週目標，適應運動強度

▶ 針對不同的肌肉群有效分步訓練

▶ 搭配健身食品，塑身增肌內外結合

精壯實型男計畫
HOW this 15mins plan works

堅持的人永不失敗！

You're never a loser until you quit trying!

麥克・迪塔 Mike Ditka
（前美明星橄欖球員）

第 **1** 週

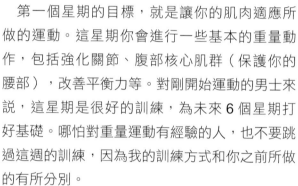

第一個星期的目標，就是讓你的肌肉適應所做的運動。這星期你會進行一些基本的重量動作，包括強化關節、腹部核心肌群（保護你的腰部），改善平衡力等。對剛開始運動的男士來說，這星期是很好的訓練，為未來 6 個星期打好基礎。哪怕對重量運動有經驗的人，也不要跳過這週的訓練，因為我的訓練方式和你之前所做的有所分別。

這星期的重點，在於讓你掌握每個動作的正確技巧。你應該使用較輕的啞鈴並注意運動時的肌肉控制。如果你在運動時感覺到任何不適，應立即停止。

DATE	重量循環訓練（循環次數）
星期一	x2
星期二	x2
星期三	x3
星期四	x3
星期五	x3
星期六	x3
星期日	休息

循環伸展 15mins Strength circuits just 15 minutes

開始前先進行 3 分鐘動態熱身伸展運動（見 p.29），之後按順序進行以下 5 個動作。每個動作進行 30 秒，動作之間儘量不要休息，完成 5 個動作即為一個循環，每個循環之間休息 1 分鐘。完成整個運動後，再進行 2 分鐘的靜態伸展（見 p.31）。

1. 全胸肌

2. 大腿

3. 背肌

4. 肩膀

5. 前手臂

練習 1 Exercise

1 伏地挺身

此動作可讓整個胸肌平均發展，
變得更結實，增強線條。

2 怎麼做？

雙手位置比肩膀稍寬，手指向前，手肘向外。收緊腹部
肌肉，保持身體成一直線。身體向下壓（呼氣），至胸
肌離地面約 2.5 公分時，再用力把身體推回原處。

Tip
雙手寬度可以視情況調整，才能更有效刺激胸肌發展。

練習 2 Exercise

1 深蹲

這動作能讓你的大腿更具力量，有效
促進你日常活動和運動時的表現。

2 怎麼做？

雙手在肩膀位置水平伸直，雙腿分開
與肩同寬。身體往下坐（吸氣），保
持腰部挺直，胸部向前，直到大腿與
地面平行為止。然後再用大腿肌肉向
上推，站直。

Tip
往下時臀部同時向後推，整個動作會更順暢。

練習 3 Exercise

1 俯臥全拉伸

這動作強調整個背部肌肉的發展，更能改善和避免駝背。

2 怎麼做？

面向地面，雙手雙腳伸直。用背部肌肉把雙手雙腳拉高
（呼氣），手腳離地面約 15 公分，慢慢往下回到地上。

Tip
雙手大拇指指向上，能減少對肩膀的壓力，更能增加動作幅度。

練習 **4** 啞鈴 5-9 公斤 Exercise

1 啞鈴上舉

這動作能讓肩膀更寬闊，讓你的體
形成 V 字形，穿衣服會更好看。

2 怎麼做？

雙手握啞鈴，在身體兩側彎曲雙臂成直
角。保持腰部挺直、雙膝微曲。然後將
啞鈴往上舉，推直手臂（呼氣），再慢
慢往下返回原點。

Tip
啞鈴的重量應該要能對你產生相當的挑戰，但還能在負荷範圍。如果
所選擇的重量讓你過分吃力或太輕鬆，就要做適當的調整。

練習 5 啞鈴 5-11 公斤 Exercise

1 啞鈴彎舉

二頭肌可說是男性力量的象徵。這動作能強調二頭肌的發展和線條，使你穿短袖時更有自信。

2 怎麼做？

保持背部挺直，雙膝微曲，雙手握著啞鈴，手心向前。雙臂同時用力把啞鈴往上拉至肩膀（呼氣），再往下慢慢把啞鈴帶返回處。

Tip
改變手掌的方向或左右手輪流進行，也可以對二頭肌做出不同的刺激，加快增肌速度。

能量加強版

每星期會新增加強版動作，這是針對腹部不同部位肌肉所做的設計。
除了上腹，更強調下腹和側腹的訓練，讓整個腹部看起來更立體、更有
力量。只要每天練習，幾個星期後你就能得到極具線條的 6 腹肌。

第 1 週

第 2 週

第 3 週

第 4 週

第 5 週

第 6 週

極速 6 腹肌方程式
第 1 週

· 看見效果但負擔較小：每天進行 1 組

· 極速看見效果但挑戰較大：每天進行 3 組

· 每組動作進行 30 秒，如果動作分為左右兩邊，則左右同樣進行 30 秒。

· 完成所有動作為一組。

砍截式

自行車式

爬山式

平板撐踢腿式

每週聰明吃菜單

星期一	星期二	星期三

早餐
蘋果（1 個）、煎蛋（2 顆）、
火腿米粉（1 碗）、
無糖飲料（1 杯）

早餐
柳橙（1 個）、煎蛋（2 顆）、
牛肉米粉（1 碗）、
無糖飲料（1 杯）

早餐
蘋果（1 個）、火腿蛋三明治（1
份、不塗奶油）、無糖飲料（1
杯）

點心
脫脂牛奶（250 毫升）、
杏仁（20 粒）

點心
小香蕉（1 根）、無糖豆漿
（250 毫升）

點心
本週特調（1 杯）

午餐
魚丸 + 米粉（半碗）、
燙青菜（1 碟）

午餐
火腿起士三明治（1 份，不塗
奶油）、蘋果（1 個）

午餐
漢堡（1 個）、玉米（1 根）

點心
柳橙（1 個）、
鹽水鮪魚（95 克）

點心
低脂優格（1 杯）、
核桃（10 粒）

點心
花生醬全麥吐司（1 片）、柳
橙（1 個）

晚餐
海鮮燉菜（2 碗）

晚餐
咖哩雞（1 碗）

晚餐
去皮油雞（5 塊）、
燙青菜（1 碟）

點心
柳橙（1 個）

點心
脫脂牛奶（250 毫升）

點心
杏仁（20 粒）

星期四	星期五	星期六
早餐 即食燕麥片（1 碗）+ 南瓜子適量、小香蕉（1 根）	**早餐** 火腿（2 塊）、煎蛋（2 顆）、吐司（1 片，不塗奶油）、無糖飲料（1 杯）	**早餐** 全麥麵包、香蕉、花生醬、酪梨三明治（1 份）、蛋（1 顆）
點心 核桃（15 粒）、蘋果（1 個）	**點心** 柳橙（1 個）、南瓜子（約 57 克）	**點心** 本週特調（1 杯）
午餐 火雞三明治（1 份）、脫脂牛奶（250 毫升）	**午餐** 海南雞（去皮）+ 白飯（半碗，不加醬汁）	**午餐** 雞肉沙拉（1 份）、脫脂牛奶（250 毫升）
點心 無糖豆漿（250 毫升）、南瓜子（約 57 克）	**點心** 蘋果（1 個）、鹽水鮪魚（95 克）	**點心** 柳橙（1 個）、杏仁（20 粒）
晚餐 牛肉丸（1 碗）、燙青菜（1 碟）	**晚餐** 菜心煮牛肉（2 碗）	**晚餐** 魚蛋（1 碗）、燙青菜（1 碟）
點心 柳橙（1 個）	**點心** 無糖豆漿（250 毫升）	**點心** 低脂優格（1 杯）、核桃（10 粒）

星期日

早餐
牛肉米粉（1 碗）、煎蛋（2
顆）、無糖飲料（1 杯）

點心
香蕉（1 根）、
南瓜子（約 57 克）

午餐
全麥麵包鮪魚三明治（1 份）、
蘋果（1 個）

點心
南瓜子（約 57 克）、
脫脂牛奶（250 毫升）

晚餐
番茄排骨（2 碗）

點心
無糖豆漿（250 毫升）

本週特調

這款美味的高蛋白、低熱量飲
料適合在進行重量循環訓練後
飲用，當中的乳清蛋白（Whey
Protein）可被肌肉迅速吸收，
加速肌肉復原和生長。

營養指標

220 卡路里、30 克蛋白質、
20 克碳水化合物、2 克脂肪

材料

- 香草口味乳清蛋白粉 30 克
- 無糖豆漿 350 毫升

用攪拌器攪勻即可

健身食物
Food facts

葡萄柚

可稱為健身水果。美國加州研究指出，每餐吃半個葡萄柚，可以在平均 12 週內減去約 1.6 公斤的脂肪，因為身體會加快糖分代謝，直接減少脂肪積聚，使你在增肌的同時減少脂肪，讓肌肉線條更為突出。

雞蛋

健康且有助增肌的早餐，當然不可不提雞蛋。一顆雞蛋只有 72 卡路里，卻有 6 克的蛋白質和多種重要的營養。此外，一項驚人的發現是，每星期最少吃 4 顆蛋的人，膽固醇含量較每星期少於 4 顆蛋的人要低。這說明蛋黃內的膽固醇不會對體內膽固醇有多大影響。

菠菜

菠菜對增肌很有幫助。最近一項研究發現，菠菜裡有一種荷爾蒙能提升肌肉的修補速度。菠菜葉還含有抑制食欲的蛋白質，能夠降低饑餓荷爾蒙，讓你的食量不會超標。

杏仁

含有豐富的蛋白質和單元不飽和脂肪。約 15 粒杏仁便能提供身體每天所需的全部維生素 E、8% 的鈣和 19% 的鎂（增肌的重要養分）。杏仁可以說是健康堅果的佼佼者，吃的時候最好連外皮一起吃，增加纖維的攝取。也可以把杏仁放在優格、麥片中一起食用。

牛肉

含有大量的蛋白質，以及對肌肉生長來說也很重要的營養——鐵質和鋅。牛肉更富含肌酸（Creatine），能讓肌肉在運動時產生更大的力量。史丹佛大學研究指出，牛肉中的硒能減低男士罹患前列腺癌的風險。

肉桂

很多人只有吃丹麥捲的時候才會吃到肉桂，其實我們應該更常吃肉桂。美國農業部指出，在 6 個星期內每天食用半茶匙的肉桂，能有效降低血液內的壞膽固醇及血糖。更棒的是，它還能提升身體糖分的代謝，幫助減少腹部脂肪。

Q & A

Q：我的目標是增加肌肉和減去腰部脂肪，我需要先燃脂後再鍛鍊肌肉嗎？

A：不需要。事實上，鍛鍊肌肉可加速脂肪燃燒。肌肉是很活躍的組織，相同重量的肌肉相較於脂肪，能多消耗 3 倍的熱量，所以增肌和燃脂可以同時進行。

Q：反覆進行仰臥起坐，可以練出 6 塊腹肌嗎？

A：仰臥起坐可以讓腹部肌肉更強壯，卻不能消除表面的脂肪，因為仰臥起坐時身體只會消耗很少的熱量。要練出 6 塊腹肌，首先要由飲食開始，再進行一些能消耗較多熱量的運動，如重量循環訓練等。

Q：跑步的燃脂效果比重量運動好嗎？

A：高強度的重量運動能大幅提升新陳代謝、消耗大量的熱量，達到燃脂效果，也能加強你的心肺功能和肌肉力量。跑步只能改善心肺功能，卻沒有增肌的功效。

第2週

經過一星期的訓練，這星期你的肌肉耐力會有明顯的改善。你的肌肉會長出更多小血管，使更多的養分和氧氣能輸送到肌肉，幫助肌肉在之後的幾星期中更有效的生長。第2週，我們要進行一些能增強肌肉爆發力的動作，刺激體內的男性荷爾蒙，加速增肌和燃脂的速度。

DATE	重量循環訓練（循環次數）
星期一	x3
星期二	x4
星期三	x4
星期四	x3
星期五	x4
星期六	第一次體能評估 x4
星期日	休息

循環伸展 15mins Strength circuits just 15 minutes

　　開始前先進行 3 分鐘動態伸展運動（見 p.29），之後按順序進行下面 5 個動作。每個動作進行 30 秒，動作之間儘量不要休息，完成 5 個動作為一個循環，每個循環之間休息 1 分鐘。完成所有運動後，再進行 2 分鐘的靜態伸展（見 p.31）。

1. 全胸肌

2. 大腿

3. 背肌

4. 肩膀

5. 前手臂

練習 **1** Exercise

1　下斜伏地挺身

這個動作強調上胸肌的發展，增
加整個胸肌的完整性。

1

2 怎麼做？

雙腳放在椅子上，雙手放在肩膀下方，手指向
前，手肘向外。收緊腹部肌肉，保持身體成一
直線。向下（吸氣）至胸肌離地面約 2.5 公分，
再用力把身體推回原處。

2

Tip
要加強難度，可把一隻腳向上提起，離開椅子。這樣可以加強鍛鍊腹
部的穩定性和控制能力。完成一邊後可左右腳交替。

練習 2 Exercise

1 深蹲跳

這個動作能鍛鍊你大腿的爆發力並增強腿部肌肉的密度。

2 怎麼做？

雙手向前伸直，雙腿分開與肩同寬。沉腰向下（吸氣），保持背部挺直和胸部向前，直到大腿與地面平行。運用大腿肌肉向上跳高，再落地回到開始的位置。

Tip
進行時要保持動作的幅度和節奏，雙腳接觸地面時要保持輕盈。

練習 3 啞鈴 7-11 公斤 Exercise

1 俯身上拉

這是鍛鍊背肌最全面的動作之一，還可以增強身體的協調度。

2 怎麼做？

保持背部挺直，彎身向前，收緊腹部肌肉。雙腳與肩同寬，膝部微曲，啞鈴放在膝外。進行時把啞鈴拉至腰部，收緊肩胛骨之間的肌肉（吸氣）。慢慢把啞鈴放下，回到開始的位置。

1

2

Tip
保持視線向前，有助你的腰部保持挺直，使整個動作效果更好、更安全。

練習 **4** 啞鈴 5-7 公斤 Exercise

1 斜方肌拉力

這個動作可以用來增加肩膀的厚度，同
時也可鍛鍊上背和前臂肌肉。

2 怎麼做？

開始時手在大腿前握住啞鈴。手肘向
外，將啞鈴往上平舉到胸部的高度（呼
氣）。回到起始位置。

2

1

Tip
進行時要保持啞鈴貼近身體，可減少腰部承受的壓力。掌握動作之
後，可以左右手交替進行來增加難度。

練習 5 啞鈴 2-5 公斤 Exercise

1 俄羅斯式轉體

側腹是較難鍛鍊的部位，這動作便是針對側腹肌而設計的，能有效提升側腹線條。

2 怎麼做？

坐在地上，曲起雙腳，雙手握住啞鈴。保持背部挺直，利用側腹肌肉左右轉動上身。

Tip
進行時保持動作的幅度和節奏，保持視線與動作一致。

極速 6 腹肌方程式
第 2 週

- 看見效果但負擔較小：每天進行 1 組
- 極速看見效果但挑戰較大：每天進行 3 組
- 每組動作進行 30 秒，如果動作分為左右兩邊，則左右同樣進行 30 秒。
- 完成所有動作為一組。

抓腕式仰臥起坐

泰式腹肌訓練

平板翻撐式

反向捲式

每週聰明吃菜單

星期一	星期二	星期三

早餐
脫脂牛奶燕麥片（1碗）+
香蕉切片、水煮蛋（2顆）

點心
低脂優格（250毫升）

午餐
番茄牛肉飯（飯半碗）

點心
梨（1個）、核桃（20粒）

晚餐
綠花椰牛肉（2碗）

點心
無糖豆漿（250毫升）

早餐
煎蛋兩顆配全麥麵包（2片）、
奇異果（1個）

點心
杏仁（20粒）、蘋果（1個）

午餐
墨魚丸米粉（米粉半碗）、
燙青菜（1碟）

點心
本週特調（1杯）

晚餐
雞肉沙拉（1份）

點心
柳橙（1個）

早餐
全麥麵包（2片）+花生醬（2
茶匙）、切片香蕉、水煮蛋（2
顆）

點心
本週特調（1杯）

午餐
青菜排骨飯（白飯半碗）

點心
蘋果（1個）、杏仁（20粒）

晚餐
魚蛋（1碗）、燙青菜（1碟）

點心
低脂優格（250毫升）

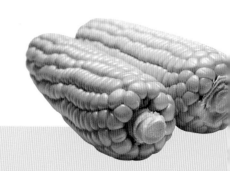

星期四	星期五	星期六
早餐 火腿蛋米粉（1 碗）、煎蛋（2 個）、無糖飲料（1 杯）	**早餐** 鮪魚全麥麵包三明治（1份）、柳橙（1個）	**早餐** 鮮牛肉煎蛋米粉（1 碗）、無糖飲料（1 杯）
點心 柳橙（1個）、南瓜子（約 57 克）	**點心** 香蕉（1根）	**點心** 蘋果（1個）、杏仁（20 粒）
午餐 火雞全麥麵包三明治（1份）、奇異果（1個）	**午餐** 漢堡（1個）、玉米（1根）	**午餐** 雞肉全麥麵包三明治（1份）、脫脂牛奶（250 毫升）
點心 全麥麵包（1片）配花生醬（2 茶匙）	**點心** 核桃（15 粒）、無糖豆漿（250 毫升）	**點心** 鹽水鮪魚（95 克）、蘋果（1個）
晚餐 玉米＋魚塊（2 碗）	**晚餐** 墨魚丸（1碗）、燙青菜（1碟）	**晚餐** 煎牛排（約 113 克）、青菜沙拉（1份）
點心 脫脂牛奶（250 毫升）	**點心** 梨（2個）	**點心** 無糖豆漿（250 毫升）

星期天

早餐
本週特調（1 杯）、
柳橙（1 個）

點心
茄汁沙丁魚配全麥麵包（1
片）

午餐
青菜牛肉飯（1 碟，飯半碗）

點心
雞肉沙拉（1 份）

晚餐
青椒牛柳（2 碗）

點心
杏仁（20 粒）

本週特調

這款飲品能提供很好的碳水化
合物、蛋白質和 Omega3，適合
在早上或下午飲用。它能提供穩
定的養分，保持肌肉生長。

營養指標
294 卡路里、39 克蛋白質、30
克碳水化合物、2 克脂肪

材料
- 鮮檸檬汁 125 毫升
- 清水 250 毫升
- 草莓梨口味乳清蛋白粉 30 克
- 草莓梨口味酪蛋白粉 30 克
用攪拌器攪勻即可

健身食物
Food facts

莓類

莓是適合所有人的食物。它富含抗氧化物和很多有益的養分，能抗癌和抗衰老。莓也含有花青素，幫助身體增加胰島素分泌，減低血糖，減少脂肪積聚。

蒜頭

蒜頭內的大蒜素（Allicin）能抵抗真菌和細菌，攝取後有抗癌、增強心肺等功能，能降低脂肪在體內的儲存量，並可對抗粉刺。要得到最好的功效，就不要把蒜頭烹調太久，高溫會完全破壞大蒜素的功效。

罐頭鮪魚

屬於低脂蛋白質，含有豐富的維生素（B_6）和（B_{12}），能幫助消化和減壓。當我們感到壓力時，就算沒有饑餓感，身體也會分泌皮質醇，令食欲增加，導致你在不饑餓時也想進食。運動後吃一些罐頭鮪魚是很好的選擇。

酪梨

很多人以為酪梨含有大量的脂肪，多吃會導致體重上升，其實剛好相反。酪梨的單元不飽和脂肪可提高身體的基礎代謝率，還會讓人產生飽足感，避免吃得太多。單元不飽和脂肪尤其有助於減少腹部脂肪。

醋

一項瑞士的研究指出，把醋加入食物中，醋內的乙酸會減慢食物由胃部進入腸道的速度，提供更持久的飽足感。

豆類

豆類吃得越多，越能夠控制食欲。豆類屬於低脂食物，含有豐富的蛋白質、纖維和鐵質（對增生肌肉和燃脂來說是很重要的養分）。如果每星期 2 餐以豆類代替肉類，不但能繼續增加肌肉生長，還能降低脂肪攝取。

第二次體能評估

項目 \ 時間		第 1 天	第 2 週 第 6 天	第 4 週 第 6 天	第 6 週 第 6 天
體能測試 （次數）	深蹲				
	伏地挺身				
	仰臥起坐				
身材測量 （公分）	胸				
	手臂				
	腹部				
	大腿				

Q & A

Q：我每天需要吃多少蛋白質才能達到理想的增肌效果？

A：每磅（約 0.45 公斤）體重每天需要攝取 1 克蛋白質。如果你的理想體重是 68 公斤，你便應該把 150 克蛋白質分配在每天的 6 餐中。在運動前後各攝取約 1/4 的分量，可確保肌肉快速生長。一塊雞胸肉或五湯匙蛋白粉約能提供 40 克蛋白質。

Q：在這 6 星期內，我是否不可以吃零食？

A：身體的運作其實很簡單，它只對經常發生的事情做出反應。以吃零食為例，如果你每天吃，你的身體便會對此做出反應，胖起來。相反的，偶爾才吃一次，身體是不會理會的。所以在這 6 星期內，每星期你可以吃一次零食，只要分量不太多就好。這可以讓整個維持身型的過程更人性化。

Q：運動要早上還是晚上做最有效？

A：可以的話，早上做運動最理想。早上運動可以提升整天的代謝率、加速燃脂的速度、提升工作表現並改善睡眠品質。如果因某些因素讓你要到晚上才能做，所得到的好處也一樣，只要別太接近睡眠時間（以免影響睡眠）就好。

沒有冠軍會半途而廢。

Champion don't quit.

麥克 ‧ 泰森 Mike Tyson
（前世界重量級拳王）

第**3**週

第 3 星期會注重力量、線條和強調整體肌肉的協調。力量的鍛鍊會使身體分泌大量的生長荷爾蒙，使肌肉生長更快速。這星期的動作會分別鍛鍊你的胸肌、背肌、肩膀、腹肌、腿部和手臂，使你全身肌肉得到發展。

DATE	重量循環訓練（循環次數）
星期一	x4
星期二	x4
星期三	x5
星期四	x4
星期五	x4
星期六	x5
星期日	休息

循環伸展 15mins Strength circuits just 15 minutes

開始前先進行 3 分鐘動態熱身伸展運動（見 p.29），之後按順序進行以下 5 個動作。每個動作進行 30 秒，動作之間儘量不要休息，完成 5 個動作為一個循環，每個循環之間休息 1 分鐘。完成所有運動後，進行 2 分鐘靜態伸展（見 .p31）。

1. 全胸肌

2. 背肌

3. 肩膀

4. 大腿及內側

5. 手臂

練習 **1** 啞鈴 9-14 公斤 Exercise

1 啞鈴仰臥推舉

這是典型的推舉動作，有效提升
胸肌，幫助你練出厚實的胸肌。

2 怎麼做？

躺在地上，腿部彎曲。雙手握著啞鈴，肘托地
上，雙臂齊肩。使用胸肌用力向上推直雙臂，
觸碰（呼氣）啞鈴。雙手慢慢垂下，手肘回到
地上（吸氣）。

Tip
進行時要保持腰部穩定，不要向上彎，腰椎才不會受到壓力，胸部肌
肉也能得到更大的刺激。

練習 2 啞鈴 7-9 公斤 Exercise

1 交替啞鈴划船

整個背部的肌肉和腹部核心肌群在進行這個動作時，會得到很大的刺激。除了增強你的背部肌肉力量，還能提升你的協調度。

2 怎麼做？

保持背部挺直，上身彎前，收緊腹部肌肉和肩膀。雙腳寬度和肩膀一致，膝部微曲，啞鈴放在膝前。進行時先把左手啞鈴提到腰部，收緊肩胛之間的肌肉。慢慢把啞鈴向下，回到開始的位置，再進行另外一邊。

Tip
進行時收緊腹部肌肉來保持穩定。眼望前方，使腰背更能保持平直。

練習 3 啞鈴 5-7 公斤 Exercise

1 交替啞鈴肩膀推舉

身體左右兩邊的發展很多時候並不平均，這個動作能刺激你肩膀的力量，使兩邊肌肉得到同樣的訓練。

2 怎麼做？

雙手握啞鈴，開始時雙臂彎曲成直角。保持背部挺直，雙膝微曲。把左手的啞鈴向上推（呼氣），同時保持腹部穩定。慢慢向下返回起點後，再把右手的啞鈴向上推。左右來回進行。

Tip
向下時手肘不要低於肩膀，向上推時保持手肘柔軟，可減低手肘承受的壓力。

練習 4 啞鈴 7-9 公斤 Exercise

1 單臂彎曲 & 上勾拳

能同時鍛鍊手臂、肩膀和側腹的肌肉，適合喜歡拳擊運動的男士。

2 怎麼做？

雙手反握啞鈴，把啞鈴向上提至肩膀高度，同時把身體向右轉（呼氣）。慢慢回到開始的位置，再向另外一面運動，左右輪流進行。

Tip
進行動作時幅度和節奏要保持穩定，向下時手肘要保持在 90 度水平。

極速 6 腹肌方程式
第 3 週

· 慢慢看見效果但負擔較小：每天進行 1 組
· 極速看見效果但挑戰較大：每天進行 3 組
· 每組動作進行 30 秒，如果動作分為左右兩邊，左右同樣進行 30 秒。
· 完成所有動作為一組。

全身式訓練

膝上後傾式

仰臥起坐式拉伸

平板撐側腿訓練

每週聰明吃菜單

星期一	星期二	星期三

早餐
什錦麥片（100 克）、
低脂優格（250 毫升）

早餐
牛排蛋吐司（不塗奶油）、
無糖飲料（1 杯）

早餐
蘋果（1個）、火腿蛋三明治（1
份，不塗奶油）、奶茶少甜（1
杯）

點心
杏仁（20 粒）、蘋果（1 個）

點心
小香蕉（1 根）、
無糖豆漿（250 毫升）

點心
本週特調（1 杯）

午餐
田園沙拉（1 份）、
小龍蝦三明治（半份）

午餐
鮪魚三明治（1 份，不塗奶
油）、蘋果（1 個）

午餐
漢堡（1 個）、玉米（1 根）

點心
柳橙（1 個）、
低脂巧克力牛奶（250 毫升）

點心
低脂優格（1 杯）、
核桃（15 粒）

點心
花生醬全麥餅（2 片）、
蘋果（1 個）

晚餐
去皮燒雞 2 塊（用紙巾將油吸
掉）、玉米（1 根）

晚餐
咖哩雞（2 碗）

晚餐
去皮油雞（5 塊）、
燙青菜（1 碟）

點心
梨（1 個）

點心
脫脂牛奶（250 毫升）

點心
杏仁（20 粒）

星期四	星期五	星期六
早餐 即食燕麥片（1碗）+南瓜子、小香蕉（1根）	**早餐** 火腿（2片）、煎蛋（2個）、吐司（1片，不塗奶油）、微糖飲料（1杯）	**早餐** 全麥麵包、香蕉、花生醬、酪梨三明治（1份）、蛋（1個）
點心 核桃（15粒）、蘋果（1個）	**點心** 柳橙（1個）、南瓜子（約57克）	**點心** 本週特調（1杯）
午餐 火雞三明治（1份）、脫脂牛奶（250毫升）	**午餐** 海南雞（去皮）+白飯（半碗，不加醬汁）	**午餐** 雞肉沙拉（1份）、脫脂牛奶（250毫升）
點心 無糖豆漿（250毫升）、南瓜子（約57克）	**點心** 蘋果（1個）、鹽水鮪魚（95克）	**點心** 柳橙（1個）、杏仁（20粒）
晚餐 牛肉丸（1碗）、燙青菜（1碟）	**晚餐** 菜心牛肉（2碗）	**晚餐** 魚蛋（1碗）、燙青菜（1碟）
點心 柳橙（2個）	**點心** 無糖豆漿（250毫升）	**點心** 低脂優格（250毫升）、核桃（10粒）

星期天

早餐
牛肉米粉（1 碗）、煎蛋（2
個）、無糖飲料（1 杯）

點心
小香蕉（1 根）

午餐
全麥麵包鮪魚三明治（1 份）、
蘋果（1 個）

點心
南瓜子（約 57 克）、脫脂牛
奶（250 毫升）

晚餐
番茄排骨（2 碗）

點心
無糖豆漿（250 毫升）

本週特調

　　這款美味的蛋白飲品特別適
合睡前飲用，裡面的茅屋起司
（cottage cheese）蛋白質會在
你睡覺時慢慢被消化，使你的肌
肉整個晚上都能獲得蛋白質供
應。

營養指標

275 卡路里、44 克蛋白質、20
克碳水化合物、1 克脂肪

材料

- 脫脂牛奶 250 毫升
- 巧克力口味乳清蛋白粉 30 克
- 茅屋起司半杯

用攪拌器攪勻即可

健身食物
Food facts

綠茶

綠茶含有兒茶素，是一種能提升代謝率、幫助燃脂的抗氧化物。一項由美國醫學營養刊物進行的研究指出，飲用富含兒茶素的綠茶能提升代謝，達到燃脂效果，並幫助改善腰臀比例。

藜

對一些不喜歡吃肉或吃素的男士來說，要在日常生活中攝取足夠的蛋白質有一定的難度。建議可以改為嘗試來自南美的藜，這是一種富含蛋白質的五穀類，是含有 9 種必需氨基酸的完整蛋白質，容易消化，還有大量的纖維、鎂質和鐵質，古代的印加人稱藜為五穀之母。

茅屋起司

最講求肌肉生長的健美運動員必吃的增肌食物，就是茅屋起司，只要看看那些低脂或脱脂茅屋起司的營養標籤便可知道原因。半杯低脂的茅屋起司能提供高達 14 克的蛋白質，卻只有 80 卡路里和少於 2 克的脂肪。

西瓜

西瓜含有大量的水分，相較其他水果來説所含的糖分又較少（250 毫升只有 48 卡路里），特別能提升飽足感。同時含有大量的 Citrulline 氨基酸，這種氨基酸會轉變為另一種氨基酸 Arginin，提升我們胰島素的敏感度，從而減低脂肪積聚。

辣椒

吃辣有助降低體內脂肪。此外，來自日本的報告指出，早餐吃辣的食物，能降低午餐時的進食分量。這種神奇的效果來自其中的辣椒素，它除了辣，還能抑制食欲。

蠔（牡蠣）

　　雖然蠔不是特別有助脂肪燃燒，卻是很多追求身體線條和健美人士喜歡的食物。僅 100 克的蠔，便提供了 20 克的蛋白質，而且只有 5 克的脂肪。蠔也比任何其他食物還擁有更多的鋅。就像鎂一樣，鋅是身體合成蛋白質的重要礦物質，能有效提高身體代謝率和脂肪燃燒的速度。

Q & A

Q：在健身房看到很多人在進行重量訓練時，會使用腰帶來保護腰部，我也應該使用嗎？

A：太常在進行重量運動時使用腰帶，你的身體會對它造成依賴，削弱你的腹部和下背部肌肉。建議只有在進行一些強度大的動作，如練習深蹲、硬拉時，才應使用腰帶。

Q：運動時，是不是一定要感受到一點痛楚才算有效？

A：**運動過程中是不應該感到痛楚的。**很多人認為運動時「沒有痛苦就沒有收穫」，這種想法很危險。運動後一、兩天，你會很自然地感覺到某種程度的肌肉痠痛，但這種痠痛感和正在運動時突然感到的痛楚是絕對不同的。如果有這樣的情況，一定是你的動作做得不對，很可能你已經受傷。如果在運動時感到任何不適或痛楚，應立即停止並休息，情況持續的話，就應該去看醫生了。

Q：聽朋友說游泳是很有效的燃脂運動，可幫助練出 6 塊腹肌？

A：游泳的確是很好的運動，能幫助你增加肺活量、強化肌肉，甚至能減壓。但根據很多研究指出，除非你每天不停游泳數小時，否則無法利用游泳來減掉體內脂肪。由於水的浮力支撐著你的體重，讓你不用太費力就能在水中游起來。此外，我們能游泳的機會也比其他運動少，所以你大可把游泳視為一種興趣活動，而非依靠來健身減肥。

第4週

　　這星期你的身體已經預備好進行一些較複雜和難度較高的動作，表示你的肌肉在這星期會有明顯的進步。這星期進行的動作，是以全身的肌肉來進行的。這樣可以把新陳代謝帶到一個極高的速度，把肌肉線條和六塊腹肌更明顯地表現出來，同時更會把你的身體變為強效燃脂機器，燒掉腹部的脂肪。

DATE	重量循環訓練（循環次數）
星期一	x4
星期二	x5
星期三	x5
星期四	x4
星期五	x5
星期六	第二次體能評估 x5
星期日	休息

循環伸展 **15mins** Strength circuits just 15 minutes

開始前先進行 3 分鐘動態熱身伸展（見 p.29），之後按順序進行以下 5 個動作。每個動作進行 30 秒，動作之間儘量不要休息，完成 5 個動作為一個循環，每個循環之間休息 1 分鐘。完成所有運動後，進行 2 分鐘靜態伸展（見 p.31）。

1. 全胸肌

2. 背肌

3. 大小腿肌

4. 三頭肌

5. 前手臂

練習 **1** Exercise

1 全能伏地挺身

這動作同時運用胸肌、肩膀和腹部核心肌群，對上半身的肌肉發展很有幫助。

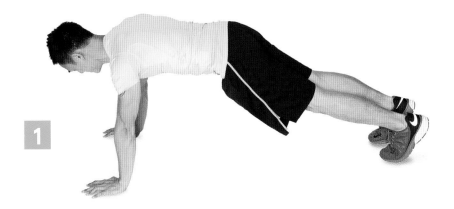

2 怎麼做？

手腳撐地，雙手放在肩膀下方，手指向前，手肘向外。收緊腹部肌肉，保持身體呈一直線。向下壓時把左膝帶到左手肘，再用力把身體推回原處（呼氣）。換右邊重複動作。

Tip
進行動作時，你也許會感到一邊身體較強壯。這正是這個動作的好處，
能夠平衡身體左右兩邊的發展。

練習 2 啞鈴 7-9 公斤 Exercise

1 前彎啞鈴划船

這個動作除了能提升背部肌肉，還能提升下身的力量和穩定性，加強你的活動能力。

2 怎麼做？

雙腿分開與肩同寬，身體往前彎低，保持背部挺直、胸部向前，雙手反握啞鈴，放在身旁，保持掌心向前。使用背部肌肉把啞鈴拉至腰部（呼氣），再慢慢往下返回起始位置。

Tip
永遠保持視線向前，這樣可保持背部挺直，讓動作更穩定、安全。

練習 3 啞鈴 7-9 公斤 Exercise

1 交替屈膝跳躍

這動作強調腿部整體的爆發力和身體的平衡力,對大小腿肌肉的發展很有幫助。

2 怎麼做?

開始時雙手放在腰上,左腳向前踏,同時右膝向下。用力向上跳起,在空中轉換雙腿落地,變成右腳向前。重複動作 30 秒。

Tip
在整個動作中保持上半身挺直,雙腿和地面接觸時保持輕盈。位於前方的膝蓋要保持在 90 度,才能避免膝蓋受到不必要的壓力。

練習 **4** 啞鈴 5-7 公斤 Exercise

1 站姿三頭肌伸展

這個動作能大幅改善手臂的線條和力量，亦能幫助你提升推舉的動作，如強胸運動等。

2 怎麼做？

收緊腹部肌肉，雙手握啞鈴，放在頭上方。慢慢向下彎曲雙臂成直角（吸氣）。保持背部挺直和雙膝微曲。用力把啞鈴往上推回原處（呼氣）。

Tip
保持手肘指向前方，這樣可以把重量更集中在三頭肌，而不是肩膀上。每組之間轉換左右手的位置，可以確保左右手得到相同的刺激。

練習 **5** Exercise

1 爬山式腹肌訓練

這個腹部動作集合了耐力和爆發力的元素，對腹部的外腹肌和核心肌群發展也很有幫助。

1

2 怎麼做？

開始時的位置有如進行伏地挺身一般。先把右膝帶到胸前（腳跟不用接觸地面），再返回原處。同一動作交替，左右腳來回進行。

2

Tip
在整個動作中保持臀部穩定。在穩定的情況下把速度提升到最高。

極速 6 腹肌方程式
第 4 週

- 慢慢看見效果但負擔較小：每天進行 1 組
- 極速看見效果但挑戰較大：每天進行 3 組
- 每組動作進行 30 秒，如果動作分為左右兩邊，左右同樣進行 30 秒。
- 完成所有動作為一組。

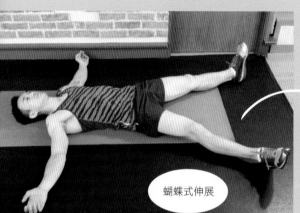

蝴蝶式伸展

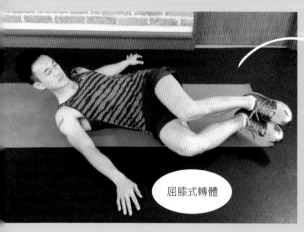

屈膝式轉體

剪刀式俯臥

仰臥式伸翻

每週聰明吃菜單

星期一	星期二	星期三
早餐 水煮燕麥片（75 克）、小蘋果（1 個）、葡萄乾少量	**早餐** 火腿起司全麥麵包三明治（1份）、脫脂牛奶（250 毫升）	**早餐** 花生醬（2 茶匙）+全麥麵包（2片）、蘋果（1 個）
點心 小香蕉（一根）、 無糖豆漿（250 毫升）	**點心** 杏仁（20 粒）	**點心** 水煮蛋（2 顆）、梨（1 個）
午餐 牛肉丸米粉（1 碗，米粉半碗）、燙青菜（1 碟）	**午餐** 青椒牛肉飯（1 碟，飯半碗）	**午餐** 魚蛋＋墨魚丸米粉（1 碗，米粉半碗）、燙青菜（1 碟）
點心 蘋果（1 個）、核桃（10 粒）	**點心** 鮪魚（95 克）、梨（1 個）	**點心** 低脂優格（250 毫升）、 南瓜子（2 茶匙）
晚餐 煎牛排（約 113 克）、 玉米粒（1 碗）	**晚餐** 海南雞（1/4 隻）、 燙青菜（1 碟）	**晚餐** 燒雞生菜沙拉（1 份）
點心 奇異果（2 個）、花生（10 粒）	**點心** 蘋果（2 個）	**點心** 本週特調（1 杯）

星期四	星期五	星期六
早餐 鮮牛肉煎蛋米粉（1 碗）、 無糖飲料（1 杯）	**早餐** 漢堡（1 個）、 脫脂牛奶（250 毫升）	**早餐** 本週特調 1 杯
點心 低脂優格（250 毫升）、 蘋果（1 個）	**點心** 奇異果（2 個）、杏仁（10 粒）	**點心** 鮪魚（95 克）、全麥餅（2 片）
午餐 燒雞生菜沙拉（1 份）	**午餐** 火雞全麥麵包三明治（1 份）、 脫脂牛奶（250 毫升）	**午餐** 番茄、蛋、肉片飯 1 碗（白飯 半碗）
點心 去皮燒雞（1 塊，用紙巾將油 吸掉）、玉米（1 根）	**點心** 小香蕉（一根）、杏仁（10 粒）	**點心** 低脂優格（250 毫升）、 花生（約 57 克）
晚餐 牛腩（1 碗）、燙青菜（1 碟）	**晚餐** 菜心煮牛肉（2 碗）	**晚餐** 魚蛋（1 碗）、燙青菜（1 碟）
點心 柳橙（2 個）	**點心** 本週特調（1 杯）	**點心** 楊桃（2 個）

星期天

早餐
什錦麥片（100 克）、
低脂優格（250 毫升）

點心
杏仁（20 粒）、蘋果（1 個）

午餐
田園沙拉（1 份）、
小龍蝦三明治（半份）

點心
柳橙（1 個）、
低脂巧克力牛奶（250 毫升）

晚餐
去皮燒雞 2 塊（用紙巾將油吸
掉）、玉米（1 根）

點心
梨（1 個）

 # 本週特調

早上或運動前特別適合飲用這
款杏子特調來提供充分的能量、
養分、蛋白質和纖維。

營養指標

305 卡路里、24 克蛋白質、49
克碳水化合物、2 克脂肪、3 克
纖維

材料

- 清水一杯
- 香草口味乳清蛋白粉 30 克
- 杏子半罐（去水）
- 即食燕麥片 3 茶匙
- 用攪拌器攪勻即可

健身食物
Food facts

雞肉

　　大部分運動員的飲食都經常會吃雞肉。我們就算不是運動員，也應該多吃雞肉。雞肉有豐富的蛋白質和低脂肪，讓你更容易增加肌肉。雞肉也很能搭配不同種類的食物，有不同的烹調方法，是飲食上的好選擇。

咖啡

　　咖啡因幫助你在進行重量運動時更有力量，刺激肌肉生長。研究顯示，在運動前數小時飲用 2 杯咖啡，你進行重量運動時能提升力量達 9%。對講求力量和爆發力的運動如舉重和短跑來説，也有相同的好處。哈佛大學的研究更指出，每天飲用咖啡能降低罹患帕金森氏症的機率達 30%。

蛋白粉

　　蛋白粉是單一營養補充劑。當你需要為每磅（約 0.45 公斤）的體重提供 1 克蛋白質時，就必須在飲食中安排蛋白粉。蛋白粉大約分為兩種：乳清蛋白粉非常容易被身體吸收，特別適合在運動後立即飲用；酪蛋白被身體吸收的速度較慢，適合在睡前飲用，這樣睡覺時肌肉也可得到充足的蛋白質，幫助生長。

燕麥

　　燕麥有助降低膽固醇，能提供持久的能量和纖維，特別適合早上和一些梅類或水果一起食用，幫助提高代謝。也可以將它攪碎，放到飲品中，調出一杯高纖飲品。

綠花椰菜

　　綠花椰菜含有大量的蛋白質和能降低雌激素的吲哚（Indole）。它還含有水溶纖維、維生素 C、鈣質和鉀。加上熱量低，是最能降低體脂肪的食物之一。其他十字科類的蔬菜如大白菜、白菜和甘藍等也具備類似的好處。

蘋果

　　蘋果的果膠能有效抑制食欲，提升飽足感，是消除腹部脂肪的必備食物。最有效的做法就是在餐前半小時吃一個蘋果。

第三次體能評估

項目 \ 時間		第 1 天	第 2 週 第 6 天	第 4 週 第 6 天	第 6 週 第 6 天
體能測試 （次數）	深蹲				
	伏地挺身				
	仰臥起坐				
身材測量 （公分）	胸				
	手臂				
	腹部				
	大腿				

Q & A

Q：該做什麼運動或吃什麼食物，來避免脂肪在腰腹部位積聚？

A：首先，脂肪積聚在身體的哪個部位，是無法控制的。同樣的，除了進行外科手術，任何人也無法選擇消除身體特定部位的脂肪。不幸的是，身體通常都會將脂肪儲存在腰腹部。要避免這種狀況，就要多進行能有效提升代謝率的運動，如重量循環訓練，使身體變成一個每天工作 24 小時的脂肪焚化爐。再加上一天吃 6 小餐的方法，讓體內的血糖變得穩定，便能降低脂肪形成。

Q：每次喝牛奶都會腹瀉，有什麼辦法可以改善？

A：亞洲人對奶製品常會出現過敏，因為自古以來我們的日常飲食並沒有太多的奶製品。不過，只要在飲用時不要多於 1/4 杯，你的身體便能慢慢產生更多酵素，用來消化牛奶中的乳糖。一段時間後，當你的腸胃適應了，便可以慢慢增加分量。如果持續腹瀉，也可以用其他乳製品如起司、優格來代替。以一般成年人來說，每天喝 2 杯牛奶或約 57 克的起司便可以得到一天所需的鈣質。

Q：做運動能提升腦力嗎？

A：運動不但能改善體能，還能提升腦力。運動能使腦部分泌的羥色胺增加，令思維更清晰。這也解釋了為何常運動的人工作上的生產力和表現特別好。高生產力不但能讓你在工作上更突出，這些「正能量」更能傳播到整個工作環境，讓你更受歡迎，為你的事業帶來正面的影響。

永不、永不、永不放棄！

Never, never, never give up!

溫斯頓 ‧ 邱吉爾 Winston Churchill
（前英首相）

第5週

這星期會繼續進行全身的運動，目的是儘量刺激更多的肌肉群。其中的 4 個動作需要使用啞鈴，且涉及多組肌肉、刺激身體釋放對肌肉生長很重要的睪酮素。這星期的動作講求高度的身體控制，除了幫助肌肉生長，還能提升運動時身體的控制。

DATE	重量循環訓練（循環次數）
星期一	x5
星期二	x5
星期三	x6
星期四	x5
星期五	x5
星期六	x6
星期日	休息

▍循環伸展 **15mins** Strength circuits just 15 minutes

開始前先進行 3 分鐘動態熱身伸展運動（見 p.29），之後按順序進行以下 5 個動作。每個動作進行 30 秒，動作之間儘量不要休息，完成 5 個動作為一個循環。循環之間休息 1 分鐘。完成所有運動後，進行 2 分鐘的靜態伸展（見 p.31）。

1. 肩膀、大腿、腹肌

2. 胸肌、腹肌

3. 腹肌

4. 大腿肌、腹肌

5. 前手臂、肩膀

練習 1 啞鈴 5-7 公斤 Exercise

1 啞鈴深蹲伸展

這是既可鍛鍊肌肉，又可提升爆發力和燃脂的必備動作。

2 怎麼做？

雙腳與肩同寬，雙臂向上伸直，將啞鈴降到肩膀高度，收緊腹部肌肉再沉腰向下，直到大腿與地面平行（吸氣）。大腿和肩膀同時用力向上推（呼氣），把啞鈴推至頭上方。

Tip
保持胸部向前、腰部挺直。注意膝蓋要保持在腳趾上方，不要超過腳尖。

練習 2 啞鈴 2-5 公斤 Exercise

1 T 字啞鈴伏地挺身

是講求力量與身體控制的動作,對
上半身肌肉發展很有幫助。

2 怎麼做?

雙手握著啞鈴,擺出伏地挺身的姿
勢。收緊腹部肌肉,保持身體在運
動時呈一直線。身體向下時手肘成
直角(吸氣)。向上推時,同時向
左打開身體,左手把啞鈴拉到頭上,
以右手支撐身體重量。慢慢回到伏
地挺身的位置,換邊進行。

Tip
這個動作適合使用較輕的啞鈴。打開身體和往下時速度不要太快,保
持整個動作節奏平均。

練習 3 Exercise

1 V 字開合式

這個動作不但可以練出腹肌，還能強化
腹部的核心肌群。當核心肌群變得更強
壯時，運動時便能更有力量。

2 怎麼做？

坐在墊子上，上半身向後仰，雙腿凌空
向前（吸氣），再用腹部的力量把上半
身和下半身帶到中線位置。

Tip
進行時要保持胸部挺起，可把注意力集中在腹部。

練習 4 啞鈴 9-14 公斤 Exercise

1 壺鈴式深蹲

這個動作能提升大腿的力量和腹部的核心
肌群,對下半身力量很有幫助。

2 怎麼做?

雙手將啞鈴托在胸前,雙腿大約與肩同
寬。蹲下直到大腿和地面平行(吸氣)。
雙腿用力把身體向上推回原位。

Tip
選擇較重的啞鈴進行這個動作,效果會更好。動作中你會感到肩膀和
手臂都得到很大的刺激。

練習 5 啞鈴 5-7 公斤 Exercise

1 二頭肌啞鈴側舉

這個合二為一的動作能增強雙臂線條，正是所有型男不可缺少的。

2 怎麼做？

雙手下垂，握著啞鈴，雙腿微曲。反手用力拉起啞鈴，再放下回到開始的位置。之後雙臂平伸，打橫伸直雙臂至肩膀高度，再慢慢回到腰間位置。來回進行 2 個動作。

Tip
注意動作的節奏，動作時收緊腹部肌肉可減少身體搖動。

極速 6 腹肌方程式
第 5 週

· 慢慢看見效果但負擔較小：每天進行 1 組
· 極速看見效果但挑戰較大：每天進行 3 組
· 每組動作進行 30 秒，如果動作分為左右兩邊，左右同樣進行 30 秒。
· 完成所有動作為一組。

側撐式

抬腿式

肘撐板式膝蓋側上抬

俄羅斯式轉體

每週聰明吃菜單

星期一	星期二	星期三
早餐 什錦麥片（75克）、少量葡萄乾、脫脂牛奶（250毫升）	**早餐** 本週特調（1杯）	**早餐** 花生醬（2茶匙）、香蕉（1根）、全麥麵包（2片）、三明治、蘋果（1個）
點心 綜合堅果（20粒）、香蕉（1根）	**點心** 全麥麵包鮪魚三明治（不塗奶油）	**點心** 水煮蛋（2顆）、梨（1個）
午餐 白斬雞飯（白飯半碗）、燙青菜（1碟）	**午餐** 漢堡（1個）、柳橙（1個）	**午餐** 鮭魚生菜沙拉（1份）、本週特調1杯
點心 本週特調（1杯）	**點心** 杏仁（20粒）、無糖豆漿（250毫升）	**點心** 脫脂牛奶（250毫升）、雜果仁（20粒）
晚餐 燒雞（2塊）、玉米（2根）	**晚餐** 牛肉丸（1碗）、燙青菜（1碟）	**晚餐** 菜心煮牛肉（2碗）
點心 柳橙（1個）、花生（10粒）	**點心** 蘋果（1個）	**點心** 蘋果（1個）、低脂優格（1杯）

星期四	星期五	星期六
早餐 鮮牛肉米粉（1 碗）、 無糖飲料（1 杯）	**早餐** 水煮蛋（3 個）、 全麥吐司（2 片）	**早餐** 水煮蛋（3 個）、 全麥吐司（2 片）
點心 香蕉（1 根）、 脫脂牛奶（250 毫升）	**點心** 本週特調（1 杯）	**點心** 本週特調（1 杯）
午餐 火腿蛋三明治（1 份，不塗奶油）	**午餐** 火雞、酪梨全麥麵包三明治（1 份）、無糖豆漿（250 毫升）	**午餐** 火雞、酪梨全麥麵包三明治（1 份）、無糖豆漿（250 毫升）
點心 葡萄乾（50 克）、 脫脂牛奶（250 毫升）	**點心** 蘋果（1 個）、核桃（10 粒）	**點心** 蘋果（1 個）、核桃（10 粒）
晚餐 牛排（約 227 克）、 雜菜（1 碗）	**晚餐** 豆腐蘑菇煮雞肉（2 碗）、 青菜（1 碗）	**晚餐** 豆腐蘑菇煮雞肉（2 碗）、青菜（1 碗）
點心 奇異果（2 個）	**點心** 低糖優格（1 杯）、 櫻桃（10 粒）	**點心** 低糖優格（1 杯）、 櫻桃（10 粒）

星期天

早餐
火腿＋香腸（各 1）、煎蛋（2顆）、全麥吐司（2 片，不塗奶油）

點心
香蕉（1 根）、核桃（10 粒）

午餐
越南牛肉河粉（河粉半碗）、青木瓜沙拉（1 份）

點心
本週特調（1 杯）

晚餐
紅椒炒牛肉（2 碗）

點心
櫻桃（10 粒）、
無糖豆漿（250 毫升）

本週特調

　　運動後立刻飲用這美味的蛋白質特飲，能加速肌肉的修補和體內蛋白質合成。

營養指標

　　361 卡路里、37 克蛋白質、446 克碳水化合物、9 克脂肪、2 克纖維

材料
- 脫脂牛奶 250 毫升
- 巧克力口味乳清蛋白粉 30 克
- 香蕉 1 根
- 花生醬 2 茶匙
用攪拌器攪勻即可

健身食物
Food facts

鮭魚

鮭魚含有高級蛋白質，同時能夠減少運動後肌肉流失 Omega3 脂肪酸。這是增肌的關鍵，你必須確保身體儲存蛋白質的速度快於流失的速度。每星期食用兩次鮭魚、每天進食 Omega3 脂肪酸便可達到理想的效果。路易士大學研究指出，常吃深海魚如鮭魚等，能降低罹患心臟病和糖尿病的風險。

水

無論是胸肌、背肌或腹肌，肌肉中有 80% 是水分。身體的水分即使只流失 1%，也會嚴重影響運動表現和復原速度。一項德國研究指出，充足的水分有助於體內蛋白質的合成，能提升肌肉生長的速度，因此最好多喝水。若是在炎熱的天氣下運動，可以在運動前後量體重，確保運動後能補充所流失的水分。

脫脂牛奶

每天飲用 2 杯 250 毫升的脫脂牛奶，能提供充分的鈣質和蛋白質，保持骨骼健康和肌肉生長。一項英國研究指出，牛奶還能降低罹患心臟病和中風的風險。牛奶中的脂肪越少，鈣質含量越高。當你的目標是增肌和減脂時，脫脂牛奶會是最好的食物選擇。

柳橙

哥本哈根大學的研究指出，降低身體脂肪最好的辦法就是用水果和蔬菜代替含糖食物，如白麵包等，而柳橙更是其中最好的代替品。水果和蔬菜含有大量的纖維，讓你的飽足感維持更久。很多研究都顯示，抗氧化物如維生素 C、β - 胡蘿蔔素等都能減少腹部脂肪。但要注意，不可以用市售瓶裝果汁來代替新鮮水果。

番薯

番薯比馬鈴薯還能提供更多的纖維、更少的澱粉，是有助燃脂的食物。此外還有一個重要的理由——它能讓你更顯年輕。歐洲研究指出，番薯中的色素（β - 胡蘿蔔素）能夠保護皮膚，降低紫外線對皮膚的破壞。

Q & A

Q：每天進行 15 分鐘運動可以改善體形，但對整體健康有其他好處嗎？

A：每天做 15 分鐘運動的人相較於完全不做運動的人，其死亡率低了 14%，平均壽命更多了 3 年之多。若不幸罹患癌症，每天進行 15 分鐘運動的人，其生存率比不運動的患者高出 10%，若每天額外再增加 15 分鐘運動，可再降低 4% 的死亡率。當然，最好不要變胖，養成運動的好習慣。

Q：當年紀漸長，身體是否無可避免會積聚更多脂肪？

A：其實，這是不正確的觀念。很多人年紀漸長時會開始缺少運動並養成不良飲食習慣，才使得新陳代謝減慢，導致多餘脂肪積聚。因此只要保持活躍的生活方式、注意飲食，任何年齡的人都可以擁有強健的身體。

Q：有沒有辦法讓運動更有效率？

A：研究指出，跑步時聽音樂的人，相較於沒有聽音樂的人，運動效果高出 15%。根據運動心理學家的研究，運動時聽音樂能降低身體對疲倦的敏感度達 12%。這也解釋了為什麼我們可以在樂聲中長時間跳舞也不覺得疲倦。這個方法在進行一些個人運動時最為有效。

第**6**週

恭喜！你已經來到第六星期，也是最後一個星期！現在你的體能、肌肉線條已差不多達到最好的狀態。**這星期進行訓練時，要儘量把速度加快，將訓練的強度大幅提升。**你會發現，這星期的進度將會是你六星期以來最快、最明顯的。

DATE	重量循環訓練（循環次數）
星期一	x6
星期二	x6
星期三	x5
星期四	x6
星期五	x6
星期六	第三次體能評估 x5
星期日	休息

循環伸展 15mins Strength circuits just 15 minutes

開始前先進行 3 分鐘動態伸展運動（見 p.29），之後按順序進行下面 5 個動作。每個動作進行 30 秒，動作之間儘量不要休息，完成 5 個動作為一個循環，每個循環之間休息 1 分鐘。完成所有運動後，再進行 2 分鐘的靜態伸展（見 p.31）。

1. 胸肌內側

2. 大腿、肩膀

3. 背肌

4. 手臂

5. 腹肌

練習 1 Exercise

1 窄握伏地挺身

這個動作能大幅提升胸部中間
和手臂後的肌肉線條。

2 怎麼做？

雙手貼近，置於胸部下方，收緊腹部肌肉。身體慢慢往下，
手肘指向後方，直到胸部距離地面約 5 公分（吸氣）。使用
中胸和手臂後方的肌肉把身體向上推，回到起點（呼氣）。

Tip
進行時眼睛看向下方，保持背部挺直。如果覺得難度太高，可以適度
把手掌的距離分開幾公分。

練習 **2** 啞鈴 **5-7** 公斤 Exercise

1 深蹲啞鈴推舉

這個動作能集增強力量和身體控制力於一身。

2 怎麼做？

手握啞鈴往上舉到與肩同高。右腳往前踏出，然後左腳往下跪至膝蓋離地約 5 公分，同時使用肩膀肌肉將啞鈴推到頭上（呼氣）。右腳用力把身體推回起點。換邊重覆同樣的動作。

Tip
往前踏出時要注意不要踏過身體的中線；身體往下時保持膝蓋不要往前超過另一腳的腳踝，如此才能確保膝蓋不會承受過多的壓力。

練習 **3** 啞鈴 7-9 公斤 Exercise

1 划船式提舉

這個動作可以幫你練出完美的背肌，同時使你後大腿肌更結實有力。

2 怎麼做？

手握啞鈴放腰側，雙腳微曲，上身向前傾斜。用上背的力量把啞鈴往上拉到腰部，然後把啞鈴放下，用後腰和大腿後肌的力量把身體拉直，返回開始位置。

Tip
保持視線向前、節奏一致，才能更好掌握這個複雜的動作。

練習 **4** 啞鈴 5-7 公斤 Exercise

1 交替啞鈴彎舉

這是很經典的動作，對增強手臂肌肉很有效，能有效刺激前臂肌肉生長。

2 怎麼做？

雙手反握啞鈴，置於腰側，手心向前。把啞鈴往上提到與肩膀等高，再慢慢往下回到原點。左右手臂輪流進行。

Tip
收緊腹部肌肉，才能使整個動作更穩定，身體不致於搖晃，讓運動集中到手臂肌肉。

練習 5 Exercise

1 反向捲體

對一般男士而言，要練出下腹肌的線條是最困難的。
這個動作便是為了加強下腹線條。

2 怎麼做？

躺在地上，雙手平放在身旁幫助平
衡。雙腿離地，膝蓋關節微曲，角度
保持不變。雙腿慢慢往下，直到腳踝
離地面約 2.5 公分。用腹部肌肉把雙
腳拉向胸部上方。

Tip
雙腳往地面靠近時，腰椎會往上彎曲，承受壓力。所以在進行時，雙
腳的擺動要緩慢。

極速 6 腹肌方程式
第 6 週

- 慢慢看見效果但負擔較小：每天進行 1 組
- 極速看見效果但挑戰較大：每天進行 3 組
- 每組動作進行 30 秒，如果動作分為左右兩邊，左右同樣進行 30 秒。
- 完成所有動作為一組。

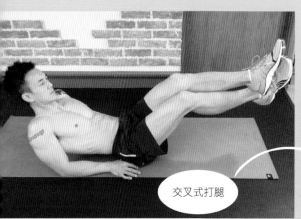

交叉式打腿

V 字開合式

抬腿式平板側撐

直前砍截式

每週聰明吃菜單

星期一	星期二	星期三
早餐 蘋果（1 個）、火腿蛋三明治（1 份，不塗奶油）、無糖飲料（1 杯）	**早餐** 三明治 1 份（酪梨、花生醬 2 茶匙、香蕉半根切片、全麥麵包 2 片）、脫脂牛奶（250 毫升）	**早餐** 什錦麥片（100 克）、低脂優格（250 毫升）、香蕉（1 根）
點心 杏仁（20 粒）、 無糖豆漿（250 毫升）	**點心** 核桃（20 粒）、蘋果（1 個）	**點心** 花生醬全麥麵包（1 片）、蘋果（1 個）
午餐 海南雞（去皮）+ 白飯（半碗，不加醬汁）、燙青菜（1 碟）	**午餐** 牛肉丸（1 碗）、 燙青菜（1 碟）	**午餐** 漢堡（1 個）、玉米（2 杯）
點心 低脂優格（1 杯）、 核桃（20 粒）	**點心** 鹽水鮪魚（95 克）、 蘋果（1 個）	**點心** 本週特調（1 杯）
晚餐 全麥麵包鮪魚三明治（1 份）、無糖豆漿（250 毫升）	**晚餐** 洋蔥牛肉（2 碗）、 燙青菜（1 碟）	**晚餐** 魚肉（1 碗）、燙青菜（1 碟）
點心 奇異果（2 個）	**點心** 脫脂牛奶（250 毫升）	**點心** 杏仁（20 粒）、蘋果（1 個）

星期四	星期五	星期六
早餐 煎蛋（2顆）、火腿蛋米粉（1碗）、無糖飲料（1杯）	**早餐** 什錦麥片（100克）+低脂優格（250毫升）、蘋果（1個）	**早餐** 什錦麥片（100克）+低脂優格（250毫升）、蘋果（1個）
點心 本週特調（1杯）	**點心** 水煮蛋（2顆）、香蕉（1根）	**點心** 水煮蛋（2個）、香蕉（1根）
午餐 火雞肉三明治（1份）、脫脂牛奶（250毫升）	**午餐** 叉燒米粉（米粉半碗）、燙青菜（1碟）	**午餐** 叉燒米粉（米粉半碗）、燙青菜（1碟）
點心 小香蕉（1根）、無糖豆漿（250毫升）	**點心** 柳橙（1個）、杏仁（20粒）	**點心** 柳橙（1個）、杏仁（20粒）
晚餐 蒸魚、燙青菜（1碟）	**晚餐** 去皮雞排（2塊）、燙青菜（1碟）	**晚餐** 去骨雞排（2塊）、燙青菜（1碟）
點心 柳橙（2個）	**點心** 脫脂牛奶（250毫升）、核桃（10粒）	**點心** 脫脂牛奶（250毫升）、核桃（10粒）

星期天

早餐
煎蛋（2顆）、雞排（1塊）、吐司（1片）、無糖飲料（1杯）

點心
小香蕉（1根）、低糖優格（250毫升）

午餐
牛肉三明治（1份，不塗奶油）、蘋果（1個）

點心
南瓜子（約57克）、脫脂牛奶（250毫升）

晚餐
苦瓜牛肉（2碗）

點心
杏仁（20粒）、奇異果（1個）

 ## 本週特調

運動後立刻飲用這款美味的蛋白質特調，可加快修補肌肉及合成體內蛋白質。優格裡的乳酸菌也會幫助養分吸收。

營養指標

280卡路里、27克蛋白質、43克碳水化合物、1克脂肪、2克纖維

材料

- 柳橙汁 250 毫升
- 香草口味乳清蛋白粉 30 克
- 脫脂香草優格半杯

用攪拌器攪勻即可

健身食物
Food facts

全穀類

職業運動員多半會在早餐和午餐時吃全穀類食物，能持續提供能量，讓訓練更有效率。全穀類食物如燕麥、全麥粉、大麥、紅米等皆富含維生素、礦物質、纖維和有益的脂肪酸。

優格

優格擁有完美的蛋白質和糖，能幫助肌肉生長與修補。購買時應選擇低脂且含有水果的產品。它所提供的糖分能刺激胰島素分泌，降低肌肉在運動後的胰島素分解。優格也是少數含共軛亞麻油酸（CLA）的食物，能幫助降低體脂肪。

橄欖油

不是擦在身上的健身油，而是用來增肌的食物。橄欖油裡的單元不飽和脂肪酸有助減少肌肉分解，保持肌肉生長。冷壓初榨橄欖油比一般榨橄欖油含有更高的維生素 E，能有效幫助身體去除有害自由基。

花生醬（全天然，無添加糖）

很多人說花生醬熱量很高，容易變胖，其實正好相反。它所富含的單元不飽和脂肪能幫助產生更多的「高睾酮」，加快肌肉生長與燃脂肪速度。一項為期 18 個月的實驗指出，每天食用花生醬的人，其體脂肪減少的速度比採用低脂飲食模式的人更快。

糙米

為什麼要多吃糙米而非白米？因為白米在製作過程中會打磨並漂白，破壞米的營養如鎂、鐵及幾乎所有的纖維。而糙米卻能保存大部分的養分，並且提高飽足感。更重要的是，糙米的高纖維含量能有效控制血糖，減少脂肪堆積。

第四次體能評估

項目 ＼ 時間		第 1 天	第 2 週 第 6 天	第 4 週 第 6 天	第 6 週 第 6 天
體能測試（次數）	深蹲				
	伏地挺身				
	仰臥起坐				
身材測量（公分）	胸				
	手臂				
	腹部				
	大腿				

Q & A

Q：我很怕跑步會讓膝蓋受傷，如果改成在跑步機上跑步，相較於硬地上的跑步，對膝蓋是否會較好？

A：跑步是很好的運動，但會影響膝蓋健康，因為跑步時膝關節要承受你整個身體的重量。根據紐約大學醫學中心研究指出，無論是在跑步機還是在硬地上跑步，膝蓋承受的壓力是相近的。如果要減輕對膝蓋的影響，最好改變鍛鍊方法，輪流進行跑步和其他有氧運動，例如一天跑步、一天騎單車等。這樣才可以降低對膝蓋的負擔。

Q：運動飲料比白開水更能提升運動表現？

A：如果進行一些超過 2 小時的耐力運動，如足球、籃球或長跑等，運動飲料確實可以提升或保持你的狀況。但如果是進行重量運動，這些飲料所提供的糖分便無法被身體完全使用，容易轉化為脂肪儲存在體內。也因此很多人越做運動越胖，便是這個原因。如果要進行時間較短的運動，還是飲用白開水才是最好的選擇。

Q：不做運動時，肌肉會轉化為脂肪嗎？

A：**正如脂肪不能轉化成肌肉，肌肉也不會轉化為脂肪。**當你持續一段時間沒有運動時，體內的肌肉便會因失去穩定的刺激而流失。這時候如果沒有相應減少食物的分量，體內脂肪便會逐漸增加。所以，**學會在少運動的日子裡調節飲食是非常重要的。**

為自己喝彩！Congratulations!

經過 6 個星期的運動及新的飲食方式，相信你現在的身形、體能和健康已達到近年來最好的狀態。想維持這個得來不易的身體狀態，一定要持續保持運動和注意飲食。

記住，健美的身形代表一種生活態度，一種注重健康的生活態度！當然，這不表示你以後就不能和朋友外出享受美食。只要記住下面這些簡單的技巧，就能幫你保持現在這個魅力型男的身形。

只在特定的時候吃零食

如果你一星期只吃一支美味的雪糕或兩塊 Pizza，是不會讓你的努力前功盡棄的。在日常飲食中，儘量選擇沒有經過處理、高蛋白質、低飽和脂肪的食物，並且多吃不同種類的蔬果。

限制酒精飲品

我們常說喝太多酒會有啤酒肚，那是千真萬確的。酒精是最容易讓我們體重（脂肪）上升的東西，一定要控制得宜。

經常運動

每星期進行 3 次時間較短的運動，比只進行一次時間很長的運動更好。試著在你的日常生活中訂出固定但沒有負擔的運動時間，以不會阻礙你其他如社交或陪伴家人等寶貴時間為主。

經常轉變動作

這本書的 6 星期計畫，設計了不同的動作來針對不同的肌肉訓練。你可以自行用其中的動作做不同的編排，增加日後在家裡運動時的樂趣。此外，這個做法還能為你的肌肉持續提供不同的刺激。

提升運動時的難度

每隔一個月，把每個動作的時間增加 15 秒，或增加每個循環訓練的組數。這樣可以讓你的身體狀態不停進步。

PART 4

明星教練的
黃金飲食法

▶ 正確選擇食物，塑身快人一步
▶ 遵守黃金飲食法，效果事半功倍
▶ 吃得健康，三餐營養與美味兼俱

6 腹肌飲食法聰明吃
FAST FOOD six pack plan

　　現代人生活步調又急又快，再加上工作忙碌，很多人已經越來越少有機會自己開伙準備三餐，外食自然成為我們飲食生活的重心，其中又以「速食」最為人所詬病。很多人對速食都有負面印象，看看那些麥當勞、肯德基、星巴克……總讓人聯想到大肚腩。

　　其實，我自己就是一個依賴速食的典型都市人，和你一樣沒有多少機會在家裡吃飯。但經過我這麼多年的親身經歷，發現其實只要懂得選擇，速食也可以成為理想身形的好幫手。看完這本書，相信也能讓你對速食的看法大為改觀。下面我會介紹如何有效利用速食來輔助健身，給你更多的營養，提升健康。在往後 6 個星期中的每一天，我都會為你設定包括早、午、晚餐及點心的速食和分量，使你在繁忙的生活中也能利用簡便的速食來達到健美的身形。

▋速食也有益 Fast food is good

速食＝不健康？

　　其實，我們可以從另一個角度來理解速食，將之解讀為「容易買、容易煮、方便吃」的食物。在這三大條件下，就連「蘋果」也是速食的一種，相信沒有人會說蘋果是不健康的食物吧？

　　相反的，許多人以為健康的「正餐」，其實也很容易被列入「不健康」之列。例如，西式餐廳典型的一頓午餐：牛油麵包、肉醬義大利麵、冰奶茶，總卡路里就高達1200（一般男性每天的卡路里攝取量約為2500），脂肪高達53克，脂肪比例是40%。也就是說，這頓卡路里高達1200的午餐中，超過40%的卡路里是來自脂肪。

　　反過來看，只要選擇得宜，速食也可以更健康。例如，上面的午餐若改成健怡可樂、鮪魚全麥麵包三明治（去牛油）、蔬菜沙拉（少許橄欖油），其總卡路里才450，脂肪含量為15克，脂肪比例是30%。450卡路里正是增肌和減脂過程中每餐合適的攝取量，還比上述例子的正餐熱量少了超過60%，脂肪更少了高達38克，維生素和纖維含量卻更高，且其中的橄欖油還含有幫助肌肉生長的單元不飽和脂肪酸。

　　也因此，只要正確選擇，速食也可以是我們健康、快捷、方便的健身好幫手。

Brian 6 腹肌黃金法則
The golden rule for six-pack diet

倒三角飲食法

人體的新陳代謝在早上最旺盛，這是我們的身體消化、循環等功能最好的時候。隨著時間過去，代謝率會逐漸遞減，到晚上會下降到最低點。也就是說，**早餐應該是一整天最豐富的一餐**，不妨多吃一點，晚餐再儘量減少分量。這個「頭重尾輕」的模式是很重要的飲食概念，只要每天執行，你的健身計畫將會事半功倍。

每天吃 6 小餐，
每 3 小時進食一次

流傳已久的經驗使得 9 成的人每天習慣進食 3 餐，但你是否發現，和你一樣每天吃 3 餐的人，大部分都有脂肪和過重的問題？也就是說，每天進食 3 次其實容易導致肥胖。因為每天只吃 3 餐，其進食的時間大約都是早上 8 點、中午 12 點和晚上 7 點，每餐相隔的時間至少也有 5 個小時。這樣的飲食方式會導致 2 個主要的問題：（1）肌肉在一段長時間裡得不到充足的養分，使其生長減慢甚至停滯；（2）因為每餐相隔太久，使得每次進食都處在饑餓狀態，不知不覺就會吃進過多的食物，使那些多餘的食物自然轉化成脂肪，儲存在體內，腹部尤其是儲存脂肪的重災區。

解決的辦法是，每隔 3 小時就進食一小餐，也就是每天 6 餐。我接下來為你設計的飲食菜單中，就是以每天 6 餐為基礎。在未來的 6 個星期中，你每天都會進食 6 小餐，每餐的理想熱量約為 400 卡路里（每天的最後一餐為 200 卡路里）。這樣才可以平均分配身體得到的養分，加速肌肉生長。

倒三角澱粉質攝取法

我從來沒見過有誰能在日常生活中，一邊攝取大量的澱粉質（尤其是單糖澱粉質如白飯、麵、粥、麵包等），一邊還能擁有漂亮的身形。單糖類澱粉質會讓你的血糖升高，使身體釋放胰島素，把血糖帶到

肌肉和肝臟中。當身體不斷分泌胰島素，食物中的熱量就會更容易轉化為脂肪，儲存起來。

澱粉質的攝取要遵守 2 大原則：（1）儘量選擇不會讓血糖產生大幅變化的，如全麥麵包、燕麥或紅米等多醣澱粉質；（2）選擇在早餐、早上的點心和午餐時吃五穀類的澱粉質，分量占所有食物的 1/4 即可。午餐之後，就要把所有澱粉質類的攝取量降到最低，這樣不但能減少脂肪囤積，更能幫身體燃燒多餘的脂肪。

每餐都要有含蛋白質和纖維的食物

每餐（包括點心）都要確保食物中有蛋白質和纖維。蛋白質是肌肉不可缺少的養分，纖維則可以增強飽足感，加快腸胃蠕動、提供多種維生素和礦物質。例如，早上可以吃全麥麵包（纖維）、蛋（蛋白質）、三明治，下午喝豆漿（蛋白質）加杏仁（蛋白質 + 纖維）等。

好的澱粉質類食物

包括全穀物如小米、燕麥、小麥胚芽、大麥、糙米、蕎麥、燕麥麩、玉米麵或莧菜等。以這些穀物製成的任何產品，如全麥麵包、貝果、早餐麥片、麵條、通心粉等，都屬於這個類別。

纖維類食物

水果：柳橙、梨、柚子、李子等。

蔬菜：綠花椰、菠菜、蘿蔔、茄子、馬鈴薯、山藥、玉米、紅蘿蔔、洋蔥、生菜、芹菜、黃瓜、白菜、蘆筍等。

豆類：黑豆、豌豆、黃豆等。

蛋白質類食物

牛奶、豆奶、蛋、起司、優格、花生醬、瘦肉、魚、家禽、豆類、豆腐、穀物、堅果和種子等。

你不可不知的基礎營養概念
OTHER nutrition basics

留意熱量攝取

熱量的概念很簡單：只要你在一段時間內所攝取的熱量少於你所消耗的，你的體重就會下降；相反的則會增加。當然，你所增減的體重是脂肪還是肌肉，要視你所攝取食物種類和訓練方式而定。

均衡營養

你的熱量攝取差不多都來自碳水化合物、蛋白質和脂肪。而碳水化合物的作用是提供你運動時所需的能量，因此你每天攝取的熱量應有 40% 來自碳水化合物；蛋白質則是增加肌肉的重要養分。增肌時，最理想的是每天每 1 磅的體重都能得到相對應的 1 克蛋白質。

大部分的人會刻意減低脂肪攝取，但如果飲食中的脂肪太少，會使身體無法有效吸收維生素，並且降低你的運動表現、增加關節和肌腱受傷的風險。但因為脂肪含有大量的熱量，相較於每 1 克的碳水化合物和蛋白質僅提供 4 卡路里，每克脂肪能提供 9 卡路里之多，因此每天只需 50-60 克脂肪即可。

聰明吃對食物

最簡單的飲食原則就是吃天然的食物。經過處理的食物如餅乾、蛋糕、冷凍食品、罐頭、手搖飲品等，普遍含有較多熱量、較少養分。尤其碳水化合物雖然能提供足夠的能量，讓你在運動時全力出擊，但也會讓你的血糖大幅波動，不僅對肌肉生長沒有幫助，反而讓你囤積更多脂肪並降低能量。

因此，建議你選擇未精製的高纖碳水化合物，包括全麥麵包、麵條、燕麥、豆類、水果和蔬菜等。這些食物會慢慢釋放出能量，確保你運動時的

肌肉有足夠的能量來應付所需。

高蛋白質的食物則包括瘦肉、魚、蛋、奶類和黃豆。較低品質的蛋白質有堅果、種子和豆類。建議平常要均衡攝取不同種類的蛋白質，以確保有足夠的氨基酸來維持肌肉生長，並且避開如紅肉和全脂奶類等高脂肪的蛋白質。

不是所有脂肪都是有害的，我們要避免的是飽和脂肪和反式脂肪，它們來自蛋糕、餅乾、人造牛油、紅肉和起司。你需要的是單元和多元不飽和脂肪類食物，例如橄欖油、堅果、種子和深海魚，包括 Omega3 和 Omega6 脂肪酸。科學家已證實它們能增強運動表現，減低身體受傷的風險。

在對的時間吃東西

在鍛鍊的期間，你要在運動前 1-2 小時吃一小餐，然後在運動後立刻進食。這些點心應包括碳水化合物和蛋白質（鮪魚沙拉是很好的運動後點心），以補充肌肉中的醣分，並幫助肌肉在運動後修補。其他時間則每相隔 2-3 小時吃一次含有蛋白質的點心，讓肌肉得到穩定的能量和蛋白質

早餐
Breakfast

早餐的 食物種類比例

很多人不吃早餐，理由不外乎趕時間或沒胃口，但不吃早餐就無法練出理想的身形。美國喬治‧華盛頓大學的內分泌專家韋恩‧卡拉韋（C. Wayne Callaway）說，不吃早餐只會引致更多問題，例如增加脂肪囤積、體重上升、高膽固醇等。

澱粉質

蔬果

蛋白質

早餐的威力

1. 平均分配每天攝取的能量

不吃早餐的人，通常會延遲每天進食的時間，使晚餐成為一天之中最主要的一餐。很多研究指出，這樣的飲食模式不但有礙保持身形和增肌，也有害健康。

2. 加速新陳代謝

如果每天只吃 3 餐，身體每一餐都要花很長的時間才能消耗所攝取的熱量。相反的，將同等分量的食物分散成 6 小餐進食的人，其熱量消耗的速度會比較快。你的每一次進食都會加速身體的新陳代謝，讓身體消耗更多熱量，幫助你讓體內脂肪處於低水平。

3. 減少饑餓感

吃了早餐和早午點心，到了午餐就不會太饑餓。饑餓時你對食物就會不太挑剔，容易選擇不健康或肥膩的東西。要避免這種情形，可以在早餐時吃一個全麥鮪魚麵包，再以水果和堅果類食物作為上午的點心。這樣你在午餐時就不會太饑餓，只需要一份簡單的沙拉和一碗湯就已經足夠（同樣的，晚餐前應該先吃點下午茶）。

4. 增強記憶力和專注力

早餐有助身體吸收足夠的營養，為你應付一整天繁忙的工作。

5. 幫助肌肉發展

經過一整夜的睡眠，肌肉需要在早上第一時間得到養分，否則身體會分解肌肉來提供能量，讓你艱苦

訓練得來的肌肉白白流失。

如果沒有吃早餐的習慣，可以怎麼辦？

其實只要懂得選擇正確的食物，即使是速食都可以提供足夠營養。下面提供一些實用的建議，讓早餐重新回到你的生活中，幫助你更容易達到增肌減脂的目標。

1. 沒時間

很多人早上會睡到最後一分鐘才起床，或者在上班前趕去健身房而導致沒時間吃早餐。如果「沒有時間」是你無法吃早餐的最大障礙，你可以選擇一些容易準備和方便吃的食物，例如花生醬麵包、水果、脫脂牛奶等。這些食物可以在 2 分鐘內準備好，又快又健康。

2. 沒胃口

很多人，包括我自己，剛起床時根本沒有胃口。其實我們不一定要一起床就吃早餐，或主觀認定早餐一定是「上班前要吃完的一餐」。早餐其實只是午餐前的一頓正餐。假若你每天早上 7、8 點就要上班，建議你可以帶一些方便的東西到公司吃，只要在中午前吃完，你仍然能享受吃早餐帶來的各種好處。當然，就算吃了早餐，我也建議你在中午前再吃些點心，確保你在午餐時不會太餓，吃得過多。

3. 沒準備

如果真的沒有時間或睡過頭太匆忙，可以在附近的麵包店或早餐店買一些脂肪含量較少的麵包，例如火腿蛋或新鮮的全麥麵包，也可以到便利商店買低脂優格、三明治等健康又方便的東西，不需要花太多時間排隊就能完成，非常簡便。預先儲存、擺放一些食物在公司，也可以在一些特別忙碌的日子裡派上用場。如果辦公室有冰箱，甚至可以買一些低脂牛奶、優格、堅果、水果等食物，以備不時之需。

小撇步
Smart training tips

如果你一早起來真的沒什麼胃口，可以考慮將吃早餐的時段一分為二。例如，假若你平常都是早上 8 點吃早餐，建議你可以把早餐分成 2 份。這樣就可以分別在早上 8 點和 11 點 2 個時段吃。總之，**進食次數多而分量少，就是增肌燃脂的祕訣。**

了解脂肪含量
Master the Proportion of Fats

在這個部分，我為你準備了不同的、簡便的健身早餐。在各種分類之下，每一樣食物都會附上分量、卡路里和脂肪含量。

關於卡路里

想要正確選擇食物、聰明吃，最重要的是知道每一種食物的脂肪含量，尤其這些脂肪多為有害的飽和脂肪。你了解越多，越容易做出正確選擇。

下面的表格雖然列出各種食物的卡路里含量，但你毋須去死記那些數字，而且不同的食物有不同的烹調法，卡路里含量也會有差。這些數字只是讓你對不同食物的熱量有粗略的概念，讓你日後即使只能選擇速食，也能更快抓到竅門。

每一種食物最後面，我都寫下簡單的高、中、低脂肪含量指標。也為你將這 6 個星期中適合吃的食物做了記號，讓你吃得更聰明。

無論早、午、晚餐或點心，一定要謹記選擇低脂的食物，這樣在增肌和健身的過程中就不會攝取多餘的脂肪，維持身形和瘦身才會更快得到更大成效。

脂肪含量解說

低量脂肪：來自脂肪的熱量低於 30%
中量脂肪：來自脂肪的熱量大約為 30% -45%
高量脂肪：來自脂肪的熱量超過 45%
★星號代表適合健身增肌的食物

麥當勞

食　品	分量	卡路里	脂肪
豬肉滿福堡	1 個	330	高
豬柳蛋漢堡	1 個	400	高
★薯餅	1 個	160	中
★漢堡	1 個	260	中
火腿蛋堡	1 個	310	中
麥香魚	1 個	320	中
經典大早餐	1 份	590	中

飲　品	分量	卡路里	脂肪
可樂（大）	1 杯	310	低
可樂（中）	1 杯	210	低
可樂（小）	1 杯	160	低
★柳橙汁（大）	1 杯	180	低
★柳橙汁（小）	1 杯	140	低
高鈣鮮乳	1 杯	147	低
奶精（約 113 克）	1 盒	25	低
★經典美式咖啡（黑咖啡，中杯）	1 杯	10	低
★零卡可樂	1 杯	0	低

小撇步
Smart training tips

太油了怎麼辦？

1. 如果偶爾想吃薯餅，可以先用紙巾吸掉大部分的油，這樣可以省下 20％的卡路里。一個薯餅吸油前約為 160 卡路里，吸油後約為 130 卡路里。

2. 去雞皮、吸油，也可以每次省下 1/3 的卡路里。一定要去皮！

3. 儘量配合其他食物一起吃。例如每次只可吃兩塊雞，再配半根玉米。

4. 一個漢堡配一杯柳橙汁，就可以提供理想的蛋白質、纖維和較少的脂肪與卡路里。

5. 吃麥香魚時，可要求不要醬汁，若怕沒有味道，也可以用番茄醬來代替。這簡單的一步就能為你省下 100 卡路里。

6. 選擇零卡可樂或低脂飲品。

7. 火腿其實經常含有大量的飽和脂肪，最好盡量選擇牛肉、魚片等，更健康。

8. 早餐多吃雞蛋。不少研究指出，早上吃雞蛋不但不會影響體內膽固醇，其蛋白質更能幫助肌肉更有效的消耗你整天攝取的熱量。

9. 奶茶少甜。每天少攝取 1 茶匙的糖，1 年就能為你減掉 1 公斤。

10. 少吃奶油！奶油（牛油）的「破壞力」比糖足足高出 2 倍！

午餐
Lunch

午餐的
食物種類比例

午餐通常都是健身男士面對的最大挑戰。在有限的午休時間裡，既要快速方便又要有助增肌減脂，真是難度十足的選擇。什麼才是增肌又低脂的健康午餐？下面為你歸納出 2 大重點：

澱粉質

蔬果

蛋白質

1. 避免在過分饑餓的情況下吃午餐

你的目的是增肌和減脂，吃太多東西會增加體內脂肪囤積。最佳做法是避免午餐時段太過饑餓。例如在午餐前先吃點心，即使簡單到只是 10 粒杏仁和一個蘋果也可以。午餐和晚餐之間最好也增加一餐點心，有異曲同工之妙。

2. 平衡澱粉質、肉類和蔬菜的攝取量

午餐應包含約 85 克的肉類、半碗左右的澱粉質（最好是有益的澱粉質如五穀飯、全麥麵等）和大量的蔬菜。比例為：1/4 蛋白質類，包括肉、豆、魚等，1/4 為澱粉質類，1/2 為蔬菜（如果沒有足夠的

蔬菜，也可用水果代替）。避免高脂肪食物，如奶油濃湯、肉類或過多的沙拉醬、奶油調味食品等。

掌握這 2 大要點後，讓我們以大部分上班族的日常生活為例，來看看一個實際的例子：工作了一整個早上，終於熬到午餐時間，你迫不及待跑到公司附近的麥當勞，點了一客漢堡套餐加薯條、奶昔，單是這一餐的熱量已高達 1200-1500卡路里，是一般男士半日所需的熱量！較我們每餐目標的 400 卡路里更多出了 2 倍以上。

我想強調的是，我們日常真正所需的能量，其實遠比我們想像中少得多。相對地，1 份雞肉三明治只有 300-400 卡路里，其實是更理想、更好的增肌午餐選擇。如果你擔心分量太少，別忘了，3 小時後又是點心時間啊！

簡言之，一日正餐的黃金飲食法請謹記如下：

1. 以遞減澱粉質的方法來吃飯

早餐要吃較多的澱粉質，因為早上多吃澱粉質有足夠的時間來消化。到了午餐時，澱粉質的分量應逐步減少，晚飯時更應謝絕澱粉質，以免脂肪囤積。

2. 吃飯前應先以沙拉、蔬菜來「打底」

無論午餐或晚餐，吃飯前先吃一點蔬菜，在外面吃飯時剛開始先來一道燙青菜或沙拉，有助於增加飽足感，也可減少澱粉質的攝取。

中式麵食

食　　品	分量	卡路里	脂肪
牛肉拌麵	1 碗	670	高
水餃	1 碗	485	高
排骨麵	1 碗	480	高
牛腩麵	1 碗	480	高
牛肉丸麵	1 碗	426	中
意麵	1 碗	404	中
河粉	1 碗	284	中
★餛飩麵	1 碗	400	低
米粉	1 碗	172	低

小撇步
Smart training tips

1. 大多數餛飩內餡用的都是肥豬肉，脂肪含量極高，少吃為妙。選擇水餃會較為健康。

2. 牛腩、牛雜雖然能提供豐富的蛋白質，但脂肪含量非常高，不應多吃。魚蛋、魚餃會是較佳選擇！

3. 點菜時以蔬菜類為主，增加飽足感又不油膩。外食時記得每餐加一盤燙青菜，讓營養更全面！

4. 少吃白醬。白醬大多使用奶油為材料，比較肥膩。如果真的要醬汁，建議使用以番茄為主的紅醬更健康。

5. 選擇有菜有肉的種類，如菜心排骨飯，或只吃一半份量的飯。

6. 避免煎炸類食物，尤其是整塊連皮帶肉無法去皮的炸物，形同直接喝油。

7. 選擇湯類麵食。大部分的飯類，其澱粉質通常較湯麵類多出一倍甚至更多。

8. 套餐實在多了太多不必要的食物、卡路里和脂肪了，比你所需要的還高出許多。如果你真的點了套餐，請別整份吃完，打包一半帶走吧！

9. 吃正餐時，減少吃點心甜食。飯後吃點心甜食真的很難控制整餐進食的分量，尤其是和一群同事去喝茶聊天，更容易讓你不自覺地吃太多。

10. 少吃泡麵。同樣分量的泡麵所含的卡路里約為通心粉或米粉的 2 倍，脂肪量則高出 3-4 倍。

PIZZA

食　品	分量	卡路里	脂肪
肉醬義大利麵	1 盤	600	高
白醬義大利雞肉焗飯	1 碟	483	高
什錦薄片 Pizza（香腸、牛肉、火腿、培根等）	116 克	310	高
★火腿起司 Pizza	85 克	200	高
雞翅	1 份	200	高
豬排義大利焗通心粉	1 碟	363	中
★夏威夷 Pizza（火腿、鳳梨）	82 克	170	中

小撇步
Smart training tips

1. 吃每塊 Pizza 之前，請先吸油！如此一來每塊 Pizza 可減少約 30-50 卡路里。

2. 儘量只選薄片。厚片芝心相較於薄片多出約 1/3 卡路里，其中的澱粉質亦高出所需。

3. 別老是點肥膩的點心如雞翅、香腸等。以沙拉代替吧！

4. 奶油濃湯的脂肪量高得驚人！要喝湯，以番茄為基底的紅湯還是較佳的選擇。

點心
Snacks

**點心的
食物種類比例**

點心是達到理想身形的好搭檔，如果沒有它們的幫助，反而會影響你的減重進度。從現在起，把點心視為你的好朋友吧！

蔬果　蛋白質

點心也可控制體重

前面提過，增肌期間要控制每餐熱量在 400 卡路里，因此一次不能吃太多。點心便是有助於減少正餐分量的好幫手，尤其是在午、晚兩餐前後。在餐與餐之間吃些點心，可以避免正餐時因為太餓而吃得太多。

和早、午、晚餐一樣，每餐的點心也要包含 2 種營養：蛋白質和纖維，例如脫脂牛奶（蛋白質）加香蕉（水溶性纖維）。這種吃點心的方法既能加快增肌速度，更能提高身體代謝率，加速燃脂。

健康的點心有助你增強肌肉、減少脂肪，正餐之間的點心不但能加速達成你的健身目標，所提供的養分也會讓你更健康。以下這些都是可以在超市買到的簡便點心及材料：

核桃

除了可口，核桃還含有大量的蛋白質、抗氧化物和能提升體內有助增肌的荷爾蒙「睪酮」。

花生醬配燕麥餅

燕麥餅所含的纖維能提供飽足感，而花生醬含有蛋白質、鐵質和鎂，這些全都是增肌的重要養分。

低脂優格配燕麥和藍莓

低脂優格和燕麥富含能幫助肌

肉收縮的鈣質；藍莓含有抗氧化物，能抵抗運動時產生的自由基對身體的破壞。

新鮮莓類

莓類中的抗氧化物能增強免疫系統，更含有豐富維生素 C，幫助身體吸收鐵質。

黃豆

含有人體所需的全部 8 種必要氨基酸，同時含有能幫助血液帶氧的鐵質。

香蕉

運動後的最佳食物。它含有能維持血糖的維生素 B_6 和幫助肌肉復原的鉀質。

太陽花籽

含維生素 E，能提高睪酮素指數，同時提供有助增肌的蛋白質和幫助身體復原的硒。

巧克力牛奶

印第安那大學研究指出，運動後喝巧克力牛奶有助肌肉生長與復原。主要原因是巧克力牛奶中含有大量的蛋白質和糖分。

其他

無糖豆漿、脫脂牛奶、綠茶粉、亞麻籽粉、燕麥、蘋果、柳橙、酪梨、生菜、番茄、堅果類或籽（無鹽）、鹽水鮪魚、茄汁沙丁魚、乳清蛋白粉、酪蛋白粉、雞蛋等。

美味又簡單的點心搭配
Snacks mix & match

蘋果＋脫脂牛奶

柳橙＋杏仁

柳橙＋花生醬全麥麵包

全穀蘇打餅＋鮪魚

香蕉＋脫脂牛奶

低脂優格＋南瓜子

蘋果＋乳清蛋白飲品

柳橙汁＋起司燕麥餅

小撇步
Smart training tips

1. 選擇蔬菜類點心，例如筍子、葡萄柚等食物。空閒時預先準備好，想吃零食的時候就可以用來代替那些高脂肪的洋芋片或餅乾。

2. 別讓環境主宰個人意願。快快清理冰箱，丟掉那些讓你無法抗拒的「壞點心」如洋芋片等。正所謂「眼不見為淨」，不買不見是成功控制飲食的第一步。

3. 一星期最少親自補貨一次。每星期到超市購買足夠未來一週食用的健康點心，方便你在公司或家裡都能隨時吃到。

4. 上班時要記得有點心相伴。身邊隨時準備一些健康零食，例如水果、果仁等，可避免因工作太忙而沒有時間準備。

5. 下班消遣時先吃健康點心。若晚上要看電影或看球賽，可先吃點東西；若時間不允許，可以到便利商店買份三明治沿途吃，如此便能降低接下來吃爆米花、熱狗或喝啤酒等的欲望。

晚餐
Dinner

**晚餐的
食物種類比例**

無論是多忙碌的現代人，晚餐也會想吃一頓家常
料理。如果自己不開伙，買外食回家也很常見。
只要選擇得當，遵守下面 2 大原則，你也能找
到又划算又健康的外食晚餐。

蔬果　蛋白質

1. 澱粉質的作用是為身體提供
充足的能量，但晚上身體代謝率已
減慢，攝取澱粉質容易囤積脂肪，
因此**晚上儘量不要吃澱粉質**。

2. **晚餐以肉類和蔬菜為主，比
例為 1：2**，即 1/3 為肉類，2/3 為
蔬菜類。這樣的分量搭配能提供肌
肉足夠的養分，又不會讓身體儲存
多餘的脂肪。

東南亞式

食　品	分量	卡路里	脂肪
糖醋排骨	1 份	600	中
青椒炒牛肉	1 份	228	中
清炒芥蘭	6 棵	20	中
★麻婆豆腐	1 份	349	低
★豉汁蒸倉魚	1 份	349	低
★青椒炒雞肉	1 份	137	低
★青豆炒蝦仁	1 份	113	低
★蒸釀豆腐	1 份	65	低
椰汁咖哩雞	1 碗	208	中
香茅豬排	1 塊	210	高
香茅雞翅	1 隻	210	高
炸軟殼蟹	1 隻	155	高
越式牛肉湯河粉	1 碗	515	低
越式雞絲湯河粉	1 碗	515	低
椰汁紅豆冰	1 碗	214	低

小撇步
Smart training tips

1. 避免吃煎炸類食物，無論吃什麼，請記得說：「去油！」這麼簡單的一句話，可以讓你每餐至少減去攝取約 10 克的油，也就是約 90 卡路里。以每日一餐來計算，你在 6 星期內就能減去 3780 卡路里，即超過 0.5 公斤的脂肪。

2. 三五好友聚餐時，實行「一人一菜」計畫，有幾個人叫幾道菜，如此更能控制分量。

3. **咖哩是高脂陷阱。**許多咖哩，尤其是東南亞咖哩多加入大量的椰汁、油分，幾乎都是高飽和脂肪食物，要適可而止。

4. 小心炒飯。**炒飯的卡路里比白飯高出一半！**且不要忘記，晚上不應吃澱粉質！

5. 小心含糖飲料。喝飲料除了要求少糖，更要小心含椰汁、椰果的飲品。

日本料理

食　品	分量	卡路里	脂肪
日式炸豬排飯	1 份	930	高
咖哩豬排飯	1 碟	764	高
鰻魚飯	1 客	740	高
天婦羅拉麵	1 碗	740	高
地獄拉麵	1 碗	638	高
鐵板炒烏龍麵	1 碗	622	高
什錦天婦羅	一份	370	高
日式煎餃	4 顆	192	高
什錦湯烏龍麵	1 碗	665	中
叉燒拉麵	1 碗	605	中
紫菜拉麵	1 碗	545	中
牛肉湯烏龍麵	1 碗	535	中
日式牛肉飯	1 碗	530	中
炸蝦湯烏龍麵	1 碗	465	中
鮭魚壽司	2 個	175	中
★鮪魚肚生魚片	30 克	113	中
鮭魚卵壽司	2 個	104	中
鰻魚壽司	2 個	92	中
★鮭魚生魚片	30 克	50	中
鮪魚壽司	2 個	130	低
海膽壽司	2 個	126	低
甜蝦壽司	2 個	104	低
干貝壽司	2 個	102	低
玉子壽司	2 個	85	低
茶碗蒸	1 碗	93	低
味噌湯	1 碗	80	低

小撇步
Smart training tips

1. 味噌湯熱量低，營養也高。其中的黃豆、豆腐及海帶等成分可為人體提供豐富的鈉、少許的蛋白質、鈣質和碘。

3. 吃天婦羅餐，太油膩了！日本料理中熱量排首位的食物就是天婦羅，4 個天婦羅炸物就含有約 370 卡路里，少吃為妙。

PART 5 ▷▷▷

保健食品
聰明吃

- ▶ 助我打破金氏世界紀錄的祕密武器
- ▶ 營養補充，你需要的比想像得多
- ▶ 精挑細選營養補充品

營養補充品
NUTRITION

2013 年 2 月 18 日，我 成 功 以 9959 球打破了「12 小時 100 碼外高爾夫最高球數」（Most Golf Balls Driven Into The Target Area In 12 Hours）的金氏世界紀錄，比原有的舊紀錄多出 2042 球。經過艱苦的 12 小時，雙手、頸和膝關節重傷，所幸最終創造出最新的金氏世界紀錄，為香港人爭光。

我和團隊由構思至完成這個紀錄，用了 9 個月的時間，並且從 2012 年 9 月 1 日開始展開為期 5 個半月的艱苦訓練，包括每週投入約 20 小時在高球練習場、10 小時在健身房。這段期間我打了超過 30 萬顆球。為了確保身體可以得到充足的營養來應付龐大的體能消耗，我除了在飲食上做出調整，還服用一系列營養補充品，讓我能在訓練期間保持良好的狀態。

在這之前，我要先說明一下我們為什麼需要補充保健食品？

每天 2+3

很多朋友常問我同一個問題：「我們真的需要額外吃保鍵食品嗎？」其實答案很簡單——絕大部分的人都應該服用某些營養補充品！幾年前香港政府努力推廣每日進食「2+3」的概念，即每天 2 份水果、3 份蔬菜，以攝取基本的微量養分，也就是維生素、礦物質、抗衰老物質、消化酶和纖維，以保持健康。

然而事實上，我從事健身 10 多年來，發現每天真的能平均吃到 2 份水果、3 份蔬菜的人不到 2 成。很多身邊的朋友甚至每天也吃不到 1 份水果和 1 份蔬菜。如果把這狀況數字化，以每天 1 份水果和 1 份蔬菜為例，也就是每天缺少 1 份水果和 2 份蔬菜，總共 3 份蔬果的份量。假設你這樣的飲食模式你已經維持了一年，也就是說過去一年

你所欠缺的分量是 3×365，等於 1095 份。如此長時間大量缺乏營養素，你應該可以想像身體會面臨什麼負面影響。

有些人會說：「那我就從今天開始多吃蔬果就可以了吧！」當然，這是一個最好最健康的做法。但是，大家也要接受一個現實：我們真的可以「每天」攝取到這個分量嗎？可能性應該不大。就算真的可以，從營養學的角度來看還是相當不足。

首先，要知道我們建議的食物分量，不代表其中應得的營養都可以順利被身體全數吸收。事實上，如今食物中的營養成分和數十年前相比已經相距很遠，因為經濟和人口急速增長等多重原因，大部分的種植農作都會使用大量化學肥料，以期在最短的時間內達到最大收成量。原本在天然情況下需要 3 個月才能收成的蔬果，現在可能一個半月就能採收，然而化學肥料所提供的養分，遠比天然泥土所提供的更低。根據美國農業部估計，現代人想要單靠蔬果來提供「充足」的養分，每天需要食用 10 分蔬果，也就是現在政府建議分量的 2 倍，才能確保身體得到足夠的保護。

這一方面，倫敦食物政策中心（Centre for Food Policy in London）提姆·朗（Tim Lang）

博士也經過深入研究後指出，我們現在的食物和 50 年前相比，其中的養分已經驚人的下降：

* 同樣是柳橙，我們現在需要吃 8 顆才能攝取到 50 年前一顆柳橙的維生素 A 含量，或吃 5 個才能攝取到同等分量的鐵質。
* 食物中的鈣質和鐵質下降了80%。
* 食物中的維生素 A 減少了75%。
* 蔬果中的維生素 C 和核黃素少了 50%。
* 維生素 B_1 少了 33%，維生素 B_3 少了 12%。

提姆·朗（Tim Lang）博士 35 年來致力於研究糧食政策。

除了大部分維生素已大幅下跌，其中鈣質和鐵質的跌幅最為驚人，分別是 63% 和 34%。這些資料對一些仰賴綠花椰來攝取鈣和鐵質的朋友，尤其是吃素的朋友，更要格外留意。此外，美國農業部也比較了 1961 年和 2001 年的數字，指出甜青椒的維生素 C 下跌了 24%，蘋果的維生素 A 更下跌超過 41%。

也因此，最好的做法當然是選擇有機食物，它們的養分和我們祖父母輩時的食物差不多。但因為成本太高、檢驗困難，使得有機菜色沒有那麼好找，或負擔不了餐餐有機。於是，在急速的生活中想攝取充足的養分，聰明服用保健食品補充營養就成了一個好選擇。

助我打破世界紀錄的飲食與保健食品雙組合

2012 年 5 月我決定要嘗試打破金氏世界紀錄，剛開始訓練前，我為自己設計了一個量身打造的飲食和營養補充計畫。計畫的目的是為了確保我在整個訓練過程中能保持良好的體能和狀態。為了能時刻提供身體足夠的能量，我不僅採用了前面教你的黃金飲食法、每天進食

6 小餐，也會每天準備好當天的食物，帶到練習現場。

準備食物有 2 大原則：1. 要含有蛋白質（所有肉類、堅果等）和纖維（蔬果）；2. 方便快捷，可以縮短吃飯或點心的時間。我選擇的食物會以高纖三明治、堅果、水果、無糖豆漿為主，這些低糖食物會慢慢把能量釋放出來，讓我的體

小撇步
Smart training tips

很多運動教練或營養師會建議你在長途訓練中喝運動飲料，我卻建議大家直接吃水果來補充糖分和電解質。因為水果中的纖維會降低身體吸收糖分的速度，且大多數運動飲料糖分都過高，也容易引發胃部不適。如果能用一個水果加上一杯清水來代替，會比運動飲料更有效。

記住：如果你的運動會在 2 小時內完成，就不需要在途中補充糖分。

當食物中的養分下降、生活環境被污染、缺乏休息並維持高強度的運動時，身體會更需要額外的養分，尤其是一些微量元素如維生素、礦物質、抗衰老素等，以維持並保護身體機能。

力和狀態可以長時間維持在高標準，保持我在練習時的穩定性與集中力。

維生素和礦物質

選擇營養補充品時，我會先聚焦在基本的營養上：**維生素和礦物質**。它們是身體所有重要機能的催化劑，我稱之為「營養的基石」。如果這 2 大類的養分不齊全，更多其他的營養也只是事倍功半。

以一個很簡單的例子來說——當我們進食後，所吃的澱粉質（飯、麵、粥等）、蛋白質（肉）和脂肪需要經過身體「處理」才能轉化為能量。如果飲食中沒有足夠的維生素 B，食物就無法順利轉化為能量供身體使用，囤積在體內的食物便因此轉化為脂肪，積聚起來，久而久之便造成體重過重。

Omega3 魚油

現代醫學普遍認為，Omega3 油和 Omega6 油的失衡與很多致命

疾病如炎症、血管硬化、心臟病和高血壓等有很直接的關係。之所以會失衡，一來是因為現代人經常攝取過多的有害脂肪，如動物中的飽和脂肪和反式脂肪等；二來是就算有很多標榜對身體有益的植物油，也容易攝取到過多的 Omega6，對健康造成不良影響。尤其許多食物如堅果、植物油等都被拿去製作餅乾、零食，從而提供了大量的 Omega6，導致 Omega3 油和 Omega6 油的比例失衡。很多西方研究都顯示，如今我們飲食中的 Omega3 油和 Omega6 油比例已達到約 1：16，遠遠超出 1：3 的建議比例了！

也因此，很多營養師會建議每星期至少食用 2 次如鮭魚等深海魚來攝取多一點的 Omega3 油。然而現在深海魚普遍含有高濃度的重金屬如水銀等，因此我會建議食用優質的 Omega3 魚油，以提高 Omega3 油的攝取量。

魚油的品質是關鍵。有些藥妝店會把瓶裝魚油粒放在店外販售，每天就這麼直接曝曬在陽光下，受到陽光破壞。此外，也不要因為價錢便宜就隨便買，好的魚油不可能幾十元就買得到數瓶。或者你可以用一個透明玻璃杯準備半杯溫水，然後用針把魚油粒刺穿，將油擠壓到水裡，輕輕攪拌幾秒，等水和油都靜止下來後，就會看到高品質的魚油在水面上形成厚厚一層油。相反的，品質低劣的魚油所含的油份量較少，只會形成薄薄一層。

我都建議學生每天至少攝取 2 克高純度的 Omega3 魚油。我進行高強度訓練時，每天也會攝取 4 克來減低體內潛在的炎症。市面上已經買得到純度高達 99.9% 的 Omega3 魚油，也日趨平價。

抗氧化營養素

抗氧化營養素對身體非常重要。它們的主要任務是中和體內有害的「自由基」，這些物質是很多退化性疾病如糖尿病、心臟病、高血壓、心血管疾病、關節病等的誘因。我們體內進行的一般代謝、呼吸、運動等，都會產生大量的自由基；睡眠不足、居住環境空氣污染

等，也都會提高體內自由基含量。所以近年來健康界、醫學界和運動界也都越發注重加強飲食中的抗氧化營養素攝取，以減低自由基對身體的破壞。

抗氧化營養素大多來自水果和蔬菜，但前面提過，如果要仰賴蔬果來補充這些營養素，我們每天得食用 10 份才行，因此單靠飲食來獲取似乎是不可能的任務。

現在已知的最強抗氧化營養素是葡萄籽精華，這也是我在訓練或平常會服用的營養素。它還能保護皮膚及視力，更是製造和修補膠原蛋白的重要元素。葡萄籽萃取物含有多種營養素，如蛋白質、脂肪、碳水化合物和多酚類物質，並且能幫助人體抵抗病毒、過敏源和致癌物質。它也具有抗炎、抗過敏、抗腫

瘤和抗微生物活性的功效，為身體抵擋幾乎所有類型的疾病。

類黃酮則是強大的水溶性植物營養素，對血液和血液豐富的組織如肝臟和腸道等都能起到抗氧化保護作用。此外，研究顯示多酚的抗氧化能力是維生素 E 的 20 倍、維生素 C 的 50 倍。

聰明辨認營養補充品認證

很多人不知該如何選擇好的產品，每個產品都說自己的品質有多好，或者找代言人來推廣。其實，要買到真正高品質的產品，建議大家明辨產品認證。以下提供一些國際上較可信的健康食品認證，以及每個認證背後所代表的規格，供大家參考。

美國食品藥物管理局
U.S. Food and Drug Administration, FDA

負責監督、管理美國國內生產及進口的食品、膳食補充劑、藥品、疫苗、生物醫藥製劑、血液製劑、醫學設備、放射性設備、獸藥和化妝品等，同時也負責執行《公共健康法案》，包括檢查公共衛生條件、洲際旅行和運輸、控制多種產品的安全等。

FDA 的安全監管範圍很廣，它監管藥品的每一方面，包括藥品測試、製造、標籤規範、廣告、市場行銷、功效、藥品安全等，並且對生產商的設備、衛生環境及工作流程等都有特別嚴格的監管機制，以確保品質。能通過 FDA 審查、成為獲認證的藥品生產廠房，其產品的品質都能高度信賴。

優良製造規範
Good Manufacturing Practice，GMP

美國食品藥物管理局（FDA）隸屬於美國聯邦政府，主要職能是

優良製造規範（GMP）是針對食物、藥品、醫療產品的生產和品質管制的法規。為了持續獲得認證，這些製造商要定期接受檢查和審核，以確保該製造商的人員、製造現場、衛生、設備、工作品質、生產程序控制、倉儲、發貨和發貨後的操作方法等均達到最佳標準。《藥品生產品質管制規範》更是藥品級的 GMP，適用於藥品生產的全部過程，包括原材料挑選及生產中影響成品品質的所有關鍵工序。生產商必須在藥品級別的生產規範下生產，以確保產品衛生、安全。

非處方藥認證

Over-The-Counter，OTC

非處方藥是指不需要醫生處方就能直接購買使用的藥品。由於消費者可以直接從藥房或開架式藥妝店等地方購買，FDA 對非處方藥及非處方藥製造廠的要求非常嚴格，以保障消費者的健康。

美國國家衛生基金會

National Sanitation Foundation，NSF

美國國家衛生基金會（NSF）是一個非政府組織（NGO）及非營利組織（NPO），在有關公共衛生、公眾安全之標準開發、產品認證、教育及風險管理等領域皆領先世界，成為一個具國際影響力和公信力的機構。想獲得 NSF 認證需要通過大量的產品測試、原料分析，並接受 NSF 對生產現場的突擊檢查及每年的追蹤審核，生產設備也必須符合相關要求，以確保每項生產都持續達到標準。NSF 也會確定生產過程遵循品保與品管程序，並且按計畫抽樣及再測試產品，同時確保產品標籤和宣傳資料的可信度。

魅力型男的時尚祕訣

▶ 有品味的穿搭，為形象加分

▶ 培養紳士般的生活習慣

▶ 尋找興趣，享受活力人生

利用衣著凸顯身形
GOOD body shape in proper clothing

Alvin Goh（吳吉倫）
國際著名形象設計師

經過 6 個星期的努力，相信你已經練就一副理想的身形。此時此刻，最能展現成果的方法，就是選擇合適的衣服來凸顯你的魅力身材。所謂合適，指的是用衣服的材質、剪裁、顏色來搭配你的個性，穿出事半功倍的型男魅力。

説到穿衣技巧，我第一時間想起我的好友，來自新加坡的著名形象設計師 Alvin Goh（吳吉倫）。他和很多國際明星合作過，包括艾瑪‧華森、Maggie Q、俄羅斯超級名模莎莎‧彼伏瓦洛娃（Sasha Pivovarova），以及國際品牌如 Louis Vuitton、Cartier、Doir、Fendi 等。他經常説，利用衣著來表現身材，不如大家想像中困難和複雜。相反的，只要了解其中的小技巧，便能凸顯出男性獨特的身形。

Alvin 首先要強調的是，選擇衣服時，材質不要過厚或過硬。這類材質會完全覆蓋你的線條，無論你的身材如何出眾也無法表現出來。第二，衣服的剪裁不要過於寬鬆，會讓大骨架的男士看起來

變胖，讓瘦削的男士看起來更瘦。因此無論什麼身形，都應選擇那些材質較合身、貼身的衣服。比較瘦削的男士更應選擇一些貼身剪裁（slim cut）的服裝，會讓你看起來較強壯。

至於顏色，大骨架的男士應多穿深色如深藍或黑色的衣服，會讓你整體看起來瘦一點；瘦削的男士剛好相反，淺色會是較好的選擇。穿衣服最重要的是自己覺得舒服，潮流反而是其次，絕對不要做潮流的奴隸，因為當下流行的款式不一定適合你，勉強穿上只會顯得格格不入。了解自己的個性和風格再來做合適的選擇，會讓你在衣著上更得心應手。

衣著搭配也要適合自己的年齡。無論你是 20 歲、30 歲、40 歲或 50 歲，都可以穿得很有型。看看已經半百還被公認為國際型男的喬治·克隆尼（George Clooney），他對自己的衣著多麼有自信！原因很簡單，因為他了解自己的年齡和風格，不會故意選擇年輕化的穿搭，反而依循自身年齡的成熟男人味，選穿最合適的衣服。

當然，我們必須先有好身形才

能穿出一件衣服最優雅的剪裁，Alvin 會告訴你：「如果滿身脂肪，剪裁再好的衣服也幫不上忙。」

魅力型男時尚小撇步
正式場合與派對（Executive & Party Look）

留意外套袖長是否適中。雙臂放下時，襯衣的袖長要比外套的袖長多出約 1.3 公分。無論你的身形如

何，外套和長褲都應該要是收腰剪裁，才能提升整體線條。如果你的身形較高瘦，可選擇平頭的皮鞋款式；如果你較矮或擁有大骨架，最好選擇鞋頭較尖的款式。

休閒服（Smart Casual Look）

舒適是最重要的。如果你喜歡簡潔的感覺，一件素面 T 恤（首選為白、灰和黑色）加一件外套就是很好的配搭。如果想有些變化，只要換一件不同款式的外套就能營造出不同的效果，方便又快速。

運動風（Sports Look）

運動風是最能表現男士魅力身形的必要風格。運動時穿上緊身衣褲，不但可表現出肌肉的力量，還能提升運動時的表現。已經有很多研究指出，運動緊身衣可以減少乳酸在肌肉中堆積，還能加快肌肉復原，可說是一舉兩得。建議你選擇同一品牌的運動外套、T 恤和褲子，視覺效果會更一致。

男士儀容
MANAGE the details in appearance

Rick Chin
國際著名化妝師

魅力型男除了有強健的體魄,當然還需要出眾和整潔的儀容,而這是許多男士忽略卻非常重要的部分。過去提到男士儀容,大多數人會覺得男性不需要注意這些事,覺得「儀容」是屬於女性的話題,也因此許多人甚至連最基本的皮膚保養也忽略了,導致皮膚暗沉、過早出現皺紋,或者讓人覺得不乾淨。

我的好朋友、亞洲首席化妝師 Rick Chin 舉了一個很簡單的例子:「我們會每天洗澡來保持身體乾淨,為什麼男性卻覺得每天清潔洗臉是個問題?更何況,人們看到你的臉部的機會遠多於身體其他部位。臉部清潔就算不比身體其他部位更重要,至少也是同等重要。」Rick 也強調,當你出席朋友聚會、公司活動或其他場合時,注重自己的儀容代表你對這些場合的重視與尊重,因此「注重儀容不是一種選擇,而是一種基本禮貌。」

男士要如何擁有整潔的儀容?首先要注意臉部皮膚早晚的清潔和保溼。現在

市面上有很多專為男士設計的潔面產品，這些產品的特點就是比較清爽，只要在每次清潔後擦上保溼產品即可。

想要看起來更年輕，第一步就是要做好防晒，預防皺紋和老人斑，尤其是像我一樣喜歡戶外活動的人，更要加倍注意。數不清的研究已證明太陽的紫外線會破壞皮膚，加速皮膚老化。在一般的日子裡，就算大部分時間都是在室內工作，也應該要每天擦防晒度 SPF15 的防晒乳。這就像很多人錯以為陰天和冬天不需要使用防晒用品，但紫外線其實會在所有環境和季節出現。所以從現在起，記得多注意保護你的皮膚。

選購防晒用品時，建議可選擇一些具保溼成分的產品，既可防晒又可保溼，非常適合追求方便快速的男士。

除了臉步清潔，Rick 還有一些魅力型男不可不知的儀容撇步：

修剪鼻毛和指甲

男士們特別需要注意、每天出門前一定要檢查有沒有鼻毛從鼻孔裡露出來。無論你的外表多整潔，只要有一根外露的鼻毛，就能把你所有精心的搭配徹底破壞。不乾淨的手指甲也有相同的破壞力，一定要多加留意。

清潔耳朵

我們無法看到自己的耳朵內部，但這裡經常是堆積油垢的地方。建議你每天早上使用溼毛巾來清潔整個耳朵，確保乾淨。

黑眼圈、眼袋

繁忙的工作和缺乏睡眠，容易產生黑眼圈和眼袋，不但讓你失去應有的神采，還會影響別人對你的印象。除了要多休息，還可選用眼部護理產品來減輕黑眼圈和眼袋。情況比較嚴重的話，可以在上班或外出前輕輕塗一層遮瑕膏。

修剪鬍鬚

現在很多人留鬍子以凸顯個人特色，但如果沒有經常修剪而導致長短不一，不但強調不出個人風格，反而給人不整潔的感覺。建議每天修剪一次最理想。

培養良好嗜好
THE importance of hobbies

　　一個沒有嗜好的人生，能算是精彩的人生嗎？試想，每天只有工作、工作再工作。這樣的生活必定單調又乏味。很可惜，現代社會很多人的生活模式都是如此。有些人就算有嗜好，也會因為工作太繁忙而沒有時間持續。長久之後，生活會失去應有的樂趣，甚至失去生活與工作間的平衡。

　　我有很多朋友是專業人士，如銀行家、醫生、律師和教師等，他們的行業都是眾所周知、出了名的壓力大、工作時間長，但其中有幾位的生活態度和其他人很不一樣。他們往往能夠在忙碌的工作中找到時間來維持個人嗜好，懂得享受生活。

　　選擇個人嗜好時，最重要

的是能讓你心曠神怡、心情愉快。最理想的莫過於體力活動，這樣不但能夠享受它帶來的樂趣，還能同時改善體能、身形和健康。

我們也可以通過嗜好來提升我們性格上的不足，使自己在各方面得到均衡發展。例如，如果你的性格比較內斂或文靜，不喜歡和他人打交道，就可以選擇一些個人化的運動如跑步、射箭、健身等。

如果你的性格較內向卻想結交更多的朋友，可以參與一些群體活動，例如籃球、足球或一些需要和他人合作的運動。你可以根據不同的時間和需要來選擇不同的活動，作為個人嗜好。最重要的是，把這個嗜好當作你生活中的一部分，你會發覺每天日子都變得更有趣。

如果要我選擇一項最喜愛的運動作為終生嗜好，我會毫不猶豫地選擇高爾夫球。它雖然不像其他運動一樣激烈，但它所帶來的挑戰卻較

其他運動有過之而無不及。

　　舉例來説足球場、籃球場和其他運動的場地都是固定的，無論你在香港或美國打籃球，場地的大小都相同，高爾夫球卻不一樣。高爾夫球場會根據不同地方的地勢來建造，所以每個高爾夫球場都是獨一無二的，世界上沒有相同的兩個高爾夫球場。再加上變幻莫測的天氣變化，我在處理每一個洞，甚至每一球時，都要保持冷靜，了解自己的能力、評估形勢，才有機會打出較好的成績。

　　這些都是高爾夫球讓我著迷的原因。一個 18 個洞的球場平均要步行 7000 碼（約 6.3 公里），還能提高打者的耐性和判斷力，讓你在日常生活中變得更冷靜，是很適合男士們的好運動。

Life 系列 025

15 分鐘，6 週練出王字肌！

1 對啞鈴、聰明 3 餐，精壯實型男健身術

作　　　者 ── 車志健
主　　　編 ── 陳信宏
責 任 編 輯 ── 葉靜倫、王瓊苹
責 任 企 畫 ── 曾睦涵
視 覺 設 計 ── 我我設計 wowo.design@gmail.com
校　　　對 ── 謝惠鈴
董 事 長 ── 趙政岷
總 經 理
總 編 輯 ── 李采洪
出 版 者 ── 時報文化出版企業股份有限公司
　　　　　　10803　臺北市和平西路 3 段 240 號 3 樓
　　　　　　發 行 專 線 ──（02）23066842
　　　　　　讀者服務專線 ──（0800）231705 ·（02）23047103
　　　　　　讀者服務傳真 ──（02）23046858
　　　　　　郵撥 ── 19344724　時報文化出版公司
　　　　　　信箱 ── 臺北郵政 79~99 信箱
時 報 悅 讀 網 ── http://www.readingtimes.com.tw
電 子 郵 件 信 箱 ── newlife@readingtimes.com.tw
時報出版愛讀者粉絲團 ── http://www.facebook.com/readingtimes.2
法 律 顧 問 ── 理律法律事務所 陳長文律師、李念祖律師
印　　　刷 ── 和楹彩色印刷有限公司
初 版 一 刷 ── 2015 年 4 月 10 日
定　　　價 ── 新臺幣 300 元

國家圖書館出版品預行編目資料

15 分鐘，6 週練出王字肌！／
1 對啞鈴、聰明 3 餐，精壯實型男健身術／車志健　著
　　初版 . -- 臺北市：時報文化，2015.4
　　面；公分 . -- (Life 系列；25)

　　ISBN 978-957-13-6235-9 (平裝)

1. 塑身 2. 健身運動 3. 健康飲食
425.2　　　　　　　　　　　104004187

ISBN 978-957-13-6235-9
Printed in Taiwan